高职高专土建大类十二五规划教材

# 建筑工程测量实训

主　编 ◎ 林长进

副主编 ◎ 蔡益兴

主　审 ◎ 薛奕忠

厦门大学出版社 XIAMEN UNIVERSITY PRESS | 国家一级出版社 全国百佳图书出版单位

# 高等职业教育土建大类十二五规划教材

# 前 言

本书以教育部《关于全面提高高等职业教育质量若干意见》(教高【2006】16 号)的文件精神为指导,在对多家土木建筑工程施工单位进行调研的基础上,编写的与"工学结合"人才培养模式相适应,且针对土木工程的一门技能实训课程教材。

本书的特色是以工作过程为导向,紧密结合建筑工程测量生产实际,注重新技术的应用,具有较强的适应性、先进性。在简要介绍工程测量基本知识的基础上,重点解决"怎么做"的问题,融"教、学、做"于一体,突出学生建筑工程测量能力的培养。

本书的名词术语和各项技术指标均按照最新的国家标准《工程测量基本术语标准》和《工程测量规范》要求进行编写。在编写过程中始终把敬业精神、团队协作、细节决定成败等职业素养贯穿于全书,体现能力与素质养成的有机统一。

针对土建类专业必修的"建筑工程测量"课程要求,按照"实训教材与理论教材相配合、与工程施工过程实际操作技能要求相符合"的原则进行编写,共划分为 18 个实训项目和综合实训,可供相关专业在课间实训和集中性综合实训时选用。

本书编写过程中,参阅了大量的文献资料,引用了同类书刊的部分内容与实例,在此谨向有关单位和作者表示衷心的感谢!

本教程可供初、中、高级测量工技能培训与测试考核直接使用,作为测量等级考核的重要辅导与参考资料,也可作为相关专业《工程测量》教材的配套教材或参考用书,指导学生测量技能的训练,巩固所学测量知识,培养学生独立思考、实践动手能力及应用能力,还可以作为相关工程技术人员的参考用书。本书由薛奕忠担任主审,林长进任主编,蔡益兴任副主编。编写人员及分工为:林君强编写实训须知和实训 9、18;叶红编写实训 1、2、3、10;蔡益兴编写实训 8、11、12、13;魏垂场编写实训 14、15、16;林长进编写实训 4、5、6、7、17 和综合实习指导书。全书由林长进统稿与修改。本书在编写过程中得到有关部门的大力支持,在此表示衷心的感谢!

由于作者水平有限,书中难免存在错误和疏漏之处,恳请使用本教材的广大读者批评指正,并将意见和建议及时反馈给我们,以便修订时完善。

编者

2011 年 10 月

# 目 录

# 测量实训须知

建筑工程测量是一门实践性较强的课程，其理论教学、实验教学和实习教学是本课程的三个重要的教学环节，因此，课间实训是必不可少的。同时，测量工作是一项集体性工作，任何个人都很难单独完成。因此，测量实训工作必须以小组为单位进行。实训前，各小组成员要认真阅读实训须知与实训指导内容，做好实训准备工作；实训时，要做到积极参与，互相配合，共同完成；实训完成后，要认真整理实训成果，积极思考并做好复习题、巩固课堂理论知识。只有坚持理论与实践的紧密结合，认真进行测量仪器的操作应用和测量实践训练，才能真正掌握建筑工程测量的基本原理和基本技术方法。

## 1. 实训课的目的与要求

### 1.1 实训目的

(1)进一步认识测量仪器的构造和性能。

(2)掌握测量仪器的使用方法、操作步骤和检验校正方法。

(3)掌握正确的观测、记录和计算，能进行数据处理，求出正确的测量结果。

(4)巩固并加深测量理论知识的学习，做到理论联系实际。

### 1.2 实训要求

(1)实训前，必须预习，认真阅读相应的教材及实训指导书，弄清实训目的、实训要求、实训仪器及工具、实训方法和步骤及实训注意事项。

(2)实训开始前，以小组为单位到测量实验室填写仪器领用清单，领用时应检查实训仪器和工具是否完好。领到仪器后，到指定实训地点集中，待实训指导教师对该次实训的方法与具体要求进行讲解和布置，并认真观看指导老师进行的示范操作后，方可开始实训。

(3)实训时，各小组长应根据实训内容，进行适当的人员分工，并注意工作轮换。

(4)实训时，必须认真仔细地按照测量程序和测量规范进行观测、记录和计算工作，遵守实训纪律，保证实训任务的完成。

(5)实训时，严禁穿拖鞋进行实训；同时，需爱护校园内各种设施和花草树木。

(6)爱护测量仪器和工具。实训过程中或实训结束后，如发现仪器或工具有损坏、遗失等情况，应及时报告指导教师。指导教师和仪器管理人员查明情况后，根据具体情节，作出相应的经济处罚或批评。

(7)实训完毕，需将实训记录、计算和结果交指导教师检查，待老师同意后方可收拾仪器离开实训地点。

(8)及时还清测量实验室借出的实验仪器和工具，未经指导教师许可，不得将测量仪器转借他人或带回宿舍。

## 2. 测量仪器和工具的使用规则与注意事项

测量仪器精密贵重，尤其是向精密光学、机械化、电子化方向发展后，仪器功能不断增强，其价格也更为昂贵，是国家的宝贵财产，也是测量人员的必备武器。测量仪器如有损坏或遗失，不但造成学校财产和个人经济上的损失，还将直接影响到学校正常的测量教学工作；工程建设单位测量仪器的损坏或遗失，将直接影响工程建设的质量和进度。因此，对测量仪器的正确使用、精心爱护和科学保养，是从事测量工作的人员必须具备的基本素质和应该掌握的基本技能，也是保证测量成果质量、提高测量工作效率、发挥仪器性能和延长仪器使用寿命的必要条件。为此，制订下列测量仪器和工具的使用规则和注意事项，在测量实训中应严格遵守和参照执行。

### 2.1 领取仪器时，必须检查

(1)仪器箱盖是否关妥、锁好。

(2)背带、提手是否牢固。

(3)脚架与仪器是否相配。脚架各部分是否完好，要防止因脚架不牢而摔坏仪器，或因脚架不稳而影响作业生产。

### 2.2 仪器的贮藏和搬运

(1)仪器贮藏室必须保持干燥，通风良好。

(2)仪器应安置在阳光晒不到的搁板上或柜子里，仪器箱上不能叠压其他东西。

(3)仪器箱内应放置有效的干燥剂。

### 2.3 仪器的开箱与装箱

(1)打开仪器箱后不要急着取出仪器，应先观察和记住仪器各部件在未取出仪器前的安放位置及固定方法，以免用毕仪器装箱时，因安放不正确而损伤仪器。

(2)仪器箱应平放在地面上或其他台子上才能开箱，不要托在手上或抱在怀里开箱，以免将仪器摔坏。

(3)取出仪器前应先牢固地安放好三脚架或底盘，仪器自箱内取出后不宜用手久抱，应立即固定在脚架(或底盘)上。

(4)关箱门或加罩壳时感到有障碍不得硬压或强扣，应查明原因，排除障碍后再加盖，切勿硬压、强扣。

(5)要检查箱内的小工具或附件是否齐全并已固定，防止在运输过程中因没有固定好的工具或附件在箱内活动砸坏仪器。

## 2.4 自箱内取出仪器时，应注意

(1)不论何种仪器，在取出前一定先放松制动螺旋，以免取出仪器时因强行扭转而损坏微动装置，甚至损坏轴系。

(2)自箱内取出仪器时，应一手握住照准部支架，另一手扶住基座部分，轻拿轻放，不要用一只手抓仪器。

(3)取仪器和使用仪器过程中，要注意避免触摸仪器的目镜、物镜、棱镜，以免沾污而影响成像质量。绝对不允许用手指或手帕等物擦拭仪器的目镜、物镜等光学部分。

## 2.5 架设仪器时注意事项

(1)伸缩式脚架三条腿抽出后要把固定螺旋拧紧，亦不可用力过猛而造成螺旋滑丝，防止因螺旋未拧紧使脚架自行收缩而摔坏仪器。

(2)架设脚架时，三条腿拉出的长度要适中、分开的跨度要适中。三条腿并得太靠拢容易被碰倒，分得太开容易滑开，都会造成事故。若在斜坡地上架设仪器，应使两条腿在坡下(可稍放长)，一条腿在坡上(可稍缩短)，这样安放比较稳当。如在光滑地面上架设仪器，应采取安全措施(如可用小细绳将三脚架连接起来使脚架不会分开滑倒)，防止脚架滑动，摔坏仪器。

(3)在脚架安放稳妥并将仪器放到脚架头上后，要立即旋紧仪器和脚架间的中心连接螺旋，预防因忘记拧上连接螺旋或拧得不紧而摔坏仪器。

(4)自箱内取出仪器后，要随即将仪器箱盖好，以免沙土杂草进入箱内，并要防止搬动仪器时丢失附件。

(5)仪器箱是保护仪器安全的重要设备，多为薄木板或薄铁皮或塑料制成，不能承重。因此不允许蹬、坐仪器箱，以免使仪器箱受到损害。

## 2.6 仪器在使用过程中注意事项

(1)有太阳时必须张伞，防止烈日曝晒并严防淋雨(包括仪器箱)，同时应防风吹伞动撞坏仪器。

(2)观测过程中，在任何时候，仪器旁必须有人守护，尤其在人多闹市区观测时，严禁非操作人员靠近仪器，并注意指挥过往车辆绕行，严防车辆、行人碰撞仪器。严禁在仪器附近嬉耍、打闹，以防撞倒仪器。

(3)如遇目镜、物镜外表面蒙上水汽而影响观测(在冬季较常见)，应稍等一会或用纸片扇风使水汽蒸发，切勿用硬东西擦拭，应报告指导教师，用专用工具处理。

(4)制动螺旋不宜拧得过紧；微动螺旋和脚螺旋宜使用中段，松紧要调节适当。如感到转动螺旋时有跳动或听到沙沙声，应及时清洗上油；拨动校正螺旋时注意保护旋口和校正孔，用力要轻、慢，受阻时要查明原因，不得强行旋转。

(5)一台仪器只能一人操作，不允许两人或多人同时操作。操作仪器时，用力要均匀，动作要准确、轻捷。用力过大或动作太猛都会造成对仪器的损伤。

(6)如仪器某部位失灵或发生故障，切不可强行扳动，更不得任意拆卸或自行处理，应及时报告实训指导教师。

(7)仪器用毕，装箱前，可用软毛刷轻拂仪器表面的灰土。有物镜盖者要将其盖上，仪器箱内如有尘土、草叶应用毛刷掸干净，然后松开制动螺旋，将所有的微动螺旋旋至中央位置。

(8)清点箱内附件，如有缺少，应立即寻找，然后将仪器箱关上，扣紧、锁好。注意当仪器箱关不上时不可强行关箱。

(9)电子仪器在观测过程中，不得将电池或储存卡拔出。

## 2.7 仪器迁站时注意事项

(1)在长距离迁站或通过行走不便的地方时，应将仪器装入箱内搬迁，搬迁时切勿跑行，防止摔坏仪器。

(2)在短距离且平坦地方迁站时，可先将脚架收拢，然后一手抱脚架，一手扶仪器，保持仪器近直立状态搬迁，严禁将仪器横扛在肩上迁移。

(3)在迁站搬运仪器前，对仪器各部分的制动螺旋都要稍为上紧，但又不宜固定太死。

(4)每次迁站都要清点所有仪器附件和工具器材，防止丢失。

## 2.8 其他仪器、器材的使用和维护

(1)电磁波测距仪(或全站仪)和电子水准仪是光、机、电相结合的电子仪器，对防震要求较高，在运输过程中必须有防震措施，最好用原来的包装。仪器及其附件要经常保持清洁、干燥。棱镜、透镜不得用手接触或用手巾等物擦拭(必要时可用拭镜纸擦拭)。受潮的仪器要设法吹干，在未干燥前不得装箱，在使用过程中，不允许将仪器安装在三脚架上搬动。

在强烈的阳光下，要用测伞遮住仪器，因温度太高会降低发射管的功效，从而影响测程，决不可把照准头直接对向太阳，这会毁坏二极管。

各类电子仪器的电池、电缆线插头要对准插进，用力不能过猛，以免折断。

(2)各种标尺的完好与否，直接影响测量工作的质量。扶尺人员要与观测人员紧密配合，才能使工作顺利地进行，要特别注意保护尺子的分划面及尺子底部。立尺时要用双手扶好，严禁脱开双手。在观测间隙中，不要将尺子随便往树上、墙下立靠，这样容易滑倒摔坏或磨伤尺面。尺子如放在平地上，应注意不得有碎石、硬土块等尖锐物体磨伤尺面，更不准坐在尺子上。水准尺从尺垫上取下后，要防止底面粘上沙土，影响测量精度。全站仪实习时要注意反射棱镜表面的清洁，镜面有水时应及时清除，以防降低距离测量的精度。

(3)钢卷尺性脆易折断，使用时要倍加小心，拉出钢卷尺时，不要在地面上往返拖拽，防止尺面刻划磨损。钢卷尺注意不要浸入水、泥里，拉伸在地面上时，严禁脚踩和各种车辆在上面压过，用毕后，应擦去灰沙，一人收卷，另一人拉持尺环，顺序卷入，防止绞结、扭断。

## 2.9 在工作中仪器发生故障的处理

(1)仪器在外业测量中，因受温度、湿度、灰沙、震动等的影响，以及操作上的不当，容易产生一些故障。引起仪器产生故障的原因是多方面的，故障的种类也很多，发现仪器出现故障时，应立即停止使用，及时报告实习指导教师进行妥善处理或维修，若继续勉强使用，就会

损伤零、部件，甚至损坏到无法修复的程度。

(2)因测量仪器的结构严密复杂，且对清洁程度要求很高，在野外不宜进行仪器的修理。

在仪器出现故障时，应查明原因，并向指导教师汇报，绝对禁止擅自拆卸，更不能勉强“带病”使用，以免加剧损坏程度。

(3)若发生仪器损坏及仪器或工具的丢失，应查明原因和责任，除写出书面检查外，还应按规定赔偿。

## 3. 测量记录与计算的注意事项

测量资料的记录是测量成果的原始数据，十分重要。为保证测量原始数据的绝对可靠，实训时就要养成良好的职业习惯。记录的要求与注意事项如下：

3.1　实训记录应和正式作业一样，必须直接填写在规定的表格上，不得转抄，更不得用零散纸张记录，再行转抄。

3.2　所有记录与计算均用绘图铅笔(2H 或 3H)记载。字体应端正清晰，字体只应稍大于格子的一半，以便留出空隙作错误的更正。

3.3　凡记录表格上规定应填写之项目不得空白。

3.4　禁止擦拭、涂改与挖补，发现错误应在错误处用横线划去。淘汰某整个部分时可用斜线划去，不得使原字模糊不清。修改局部错误时，则将局部数字划去，将正确数字写在原数上方。

3.5　所有记录之修改及观测结果之淘汰，必须在备注栏内注明原因。

3.6　禁止连环更改，即已修改了平均数，则不准再改计算得此平均数之任何一原始读数，改正任一原始读数，则不准再改其平均数。假如两个读数均错误，则应重测重记。

3.7　原始观测之尾部读数不准更改，如角度读数为度、分、秒而秒读数不准涂改，应将该部分观测结果废去重测，并重新记录。测量过程中，不准更改的数位及重测范围规定见表 0-1。

**表 0-1　不得更改的测量数据位数及应重测的范围**

| 测量种类 | 不准更改的数位 | 应重测的范围 |
|---|---|---|
| 水准 | 厘米及毫米的读数 | 该测站 |
| 水平角 | 分及秒的读数 | 该测回 |
| 竖角 | 分及秒的读数 | 该测回 |
| 量距 | 厘米及毫米的读数 | 该测段 |

3.8　记录数据要正确反映观测精度。对于要求读到毫米位的，若读数位 1 米 2 分米 6 厘米，应记成 1260，不能记成 126；同理，如要求读到厘米时，应记成 126，而不应记成 1260。角度测量时，“度”最多三位，最少一位，“分”和“秒”各占两位，如读数是 0°2′4″，应记成 0°02′04″。测量数据记录数位规定见表 0-2。

表 0-2　测量数据精确单位及记录的位数

| 测量种类 | 数字单位 | 记录数字的位数 |
| --- | --- | --- |
| 水准 | mm | 4 个 |
| 角度的分 | (′) | 2 个 |
| 角度的秒 | (″) | 2 个 |

3.9　观测手簿中，对于有正、负意义的量，记录计算时，一定应带上“＋”号或“－”号。即使是“＋”号也不能省略。

3.10　实训记录计算必须仔细认真。测量实训时，严禁任何因超限等原因而更改观测记录数据，一经发现，将取消实训成绩并严肃处理。

## 4. 测量成果的整理与计算要求

4.1　测量成果的整理与计算应在规定的印刷表格或事先画好的计算表格中进行。

4.2　内业计算用钢笔书写，如计算数字有错误，可以用刀片刮去重写，或将错字划去另写。

4.3　测量计算时，数字进位应按照“四舍六入五凑偶”的原则进行。入要求精确到个位数，下列数据的最后结果分别是：123.4 是 123；123.6 是 124；124.5 是 124；123.5 是 124。

4.4　测量计算时，数字的取位规定：水准测量视距应取位至 1.0 m，视距总和取位至 0.01 km，高差中数取位至 0.1 mm，高差总和取位至 1.0 mm，角度测量的秒数取位至 1.0″。

4.5　观测手簿中，对于有正负意义的量，记录计算时，一定应带上“＋”号或“－”号，即使是“＋”号，也不能省略。

4.6　上交计算成果应是原始记录和计算表格，所有计算均不许另行抄录。

# 实训一　水准仪的认识与使用

## 1.1　目的和要求

1. 认识 $DS_3$ 微倾式水准仪各部件及调节螺旋的名称和作用，

2. 了解脚架的构造、作用，熟悉水准尺的刻划、标注规律及尺垫的作用。

3. 掌握 $DS_3$ 微倾式水准仪使用方法；具有水准仪的安置、粗平、瞄准、精平、读数、记录和计算高差的能力。

## 1.2　仪器和工具

1. 微倾式水准仪 1 台、脚架 1 个、水准尺 2 根、尺垫 2 个、记录板 1 块。

2. 自备：铅笔、草稿纸。

## 1.3　实训步骤

1. 安置仪器

张开三脚架，调节三脚架固定螺旋，使架头大致水平，高度适中，将脚架稳定（踩实）。然后用连接螺旋将水准仪固定在三脚架上。

2. 认识 $DS_3$ 微倾式水准仪的主要部件和作用（如图 1-1）

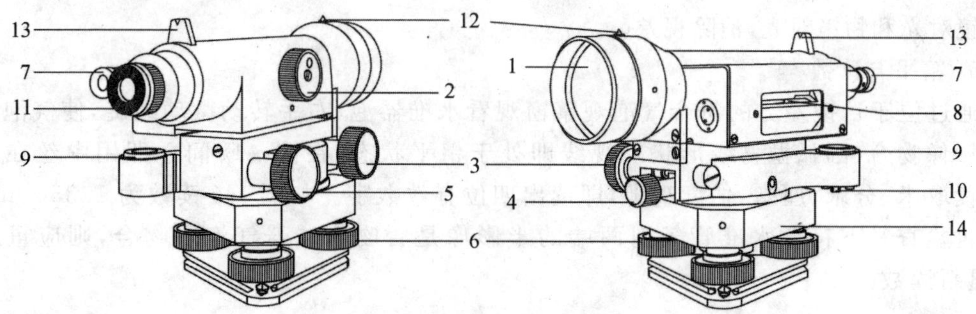


**图 1-1　$DS_3$ 型微倾式水准仪**

1—物镜；2—物镜调焦螺旋；3—微动螺旋；4—制动螺旋；5—微倾螺旋；6—脚螺旋；7—水准管气泡观察窗；8—管水准器；9—圆水准器；10—圆水准器校正螺丝；11—目镜；12—准星；13—照门；14—基座

在了解水准仪各部件名称和作用的基础上，依次完成以下操作：

(1)调节目镜，使十字丝清晰；旋转物镜调焦螺旋，使物像清晰。

(2)转动脚螺旋使圆水准器气泡居中（此为粗平）；转动微倾螺旋使水准管气泡居中或符合（此为精平）。

(3)用准星和照门来粗略找准目标；旋紧水平制动螺旋，转动水平微动螺旋来精确照准目标。

3. 粗略整平

转动脚螺旋使圆水准器气泡居中，称为粗平。粗平的操作步骤如图 1-2 所示，先用两手按箭头所指的相对方向转动脚螺旋 1 和 2，使气泡沿 1、2 连线方向由 $a$ 移至 $b$，再按箭头所指方向转动脚螺旋 3，使气泡由 $b$ 移至圆水准器中心。一般需反复操作 2～3 次即可整平仪器。操作熟练后，三个脚螺旋可一起转动，使气泡更快地进入圆圈中心。整平时，气泡移动方向始终与左手大拇指移动方向一致。

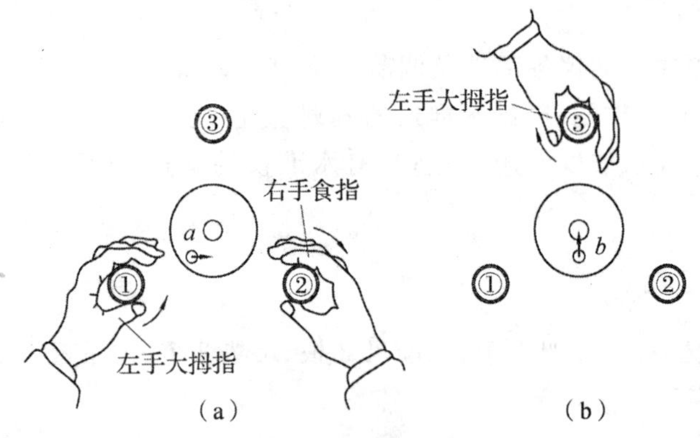


图 1-2　粗平的操作步骤

4. 瞄准水准尺

转动目镜对光螺旋，使十字丝清晰；然后松开水平制动螺旋，转动望远镜，利用望远镜上部的准星与缺口照准目标，旋紧制动螺旋；再转动物镜对光螺旋，使目标成像清晰；此时，若目标的像不在望远镜视场的中间位置，可转动水平微动螺旋，对准目标。随后，眼睛在目镜端上下移动，检查十字丝与水准尺分划影像之间是否有相对移动，如有，则存在视差，须重新做目镜对光和物镜对光，消除视差。

5. 精平与读数

通过位于目镜左方的符合气泡观察窗观看水准器泡，右手转动微动螺旋，使气泡亮端的半影像吻合（圆弧抛物线形状），视线即处于精平状态，在同一瞬间立即用中丝在水准尺上读取米、分米、厘米，估读毫米，即读出四位有效数字。如图 1-4 读数为 1.356 m。读数后再检查一下符合水准管气泡两端的半影像是否吻合。若气泡不吻合，则应重新精平，重新读数。

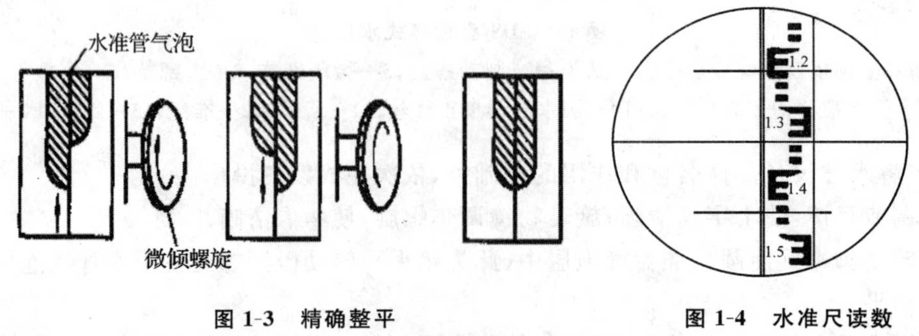


图 1-3　精确整平　　　　图 1-4　水准尺读数

综上所述，水准仪的基本操作程序为：安置—粗平—瞄准—精平—读数。

6. 高差测量与计算

(1)在仪器前后距离大致相等处各立一根水准尺,分别读出中丝所截取的尺面读数,记录并计算两点间的高差。

(2)不移动水准尺,改变水准仪的高度,再测两点间的高差,两点间的高差之差不应大于5 mm。

## 1.4　实训记录表

1. 在下图引出的标线上标明仪器该部件的名称。

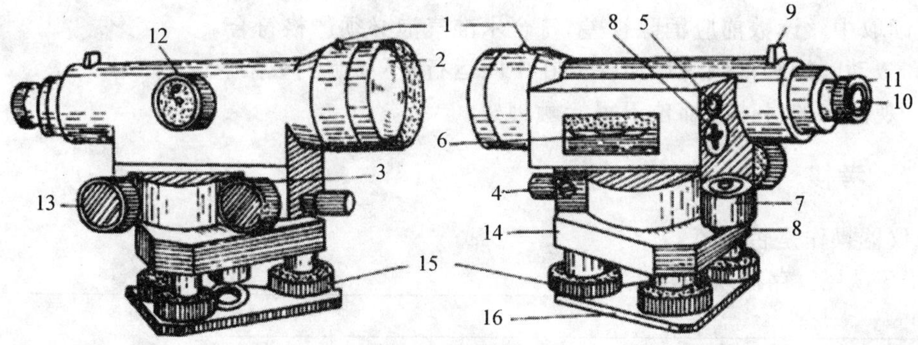

| 1 | 2 | 3 | 4 | 5 | 6 | 7 | 8 | 9 | 10 | 11 | 12 | 13 | 14 | 15 | 16 |
|---|---|---|---|---|---|---|---|---|---|---|---|---|---|---|---|
| | | | | | | | | | | | | | | | |

2. 用箭头标明如何转动三只脚螺旋,使下图所示的圆水准器气泡居中。

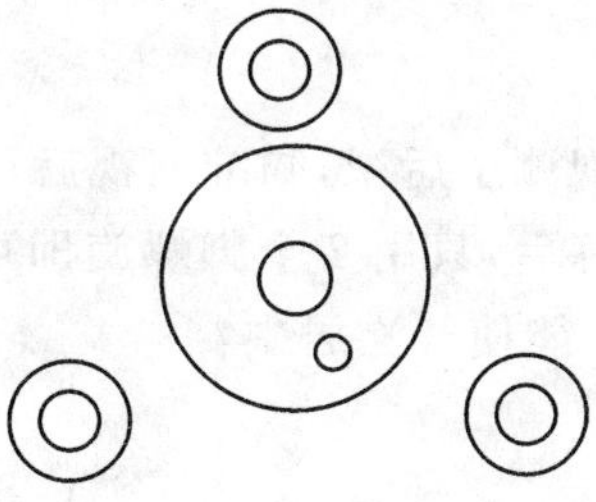

## 1.5　实训报告

实训结束,提交实训记录表。

## 1.6　注意事项

1. 在三脚架安置稳妥之后,方可打开仪器箱。开箱前应将仪器箱放在平稳处,严禁托在手上或抱在怀里。

2. 打开仪器箱之后,要看清并记住仪器在箱中的安放位置,避免以后装箱困难。

3. 取出仪器之前。应先松开制动螺旋,再一手握住支架,一手托住基座轻轻取出仪器,放在三脚架上，保持一手握住仪器，一手去拧连接螺旋，旋紧连接螺旋使仪器与脚架连接牢固。

4. 装好仪器之后，注意随即关闭仪器箱，防止灰尘和湿气进入箱内。严禁坐在仪器箱上。

5. 仪器安置之后，不论是否操作，必须有人看护，防止无关人员搬弄或行人车辆碰撞。

6. 在打开物镜盖时或在观测过程中，如发现灰尘，可用镜头纸或毛刷轻轻拂去。

7. 转动仪器前，应先松开制动螺旋，再平稳转动，使用微动螺旋时，应先旋紧制动螺旋。

8. 制动螺旋应松紧适度，微动螺旋和脚螺旋不要旋到顶端，使用各种螺旋都应均匀用力，以免损伤螺丝。

9. 读取中丝读数前应消除视差，符合水准气泡必须严格符合。

10. 微动螺旋和微倾螺旋应保持在中间运行，不要旋到极限。

11. 观测者的身体各部位不得接触脚架。

## 1.7 考核

1. 仪器操作是否规范？

操作不规范，存在以下几点：________________________________________

________________________________________

2. 测量步骤是否正确？

测量步骤不正确包括以下方面：________________________________________

________________________________________

3. 实训记录是否完整？

## 1.8 思考题

1. 为什么要先瞄准再精平？

2. 一个测站的水准测量中，观测了后视，瞄准前视后，是否需要再次粗平、精平？

3. 用脚螺旋粗平，若操作熟练后，只用2个脚螺旋即可整平。如图1-2中，若不用脚螺旋③，则如何旋转脚螺旋①、②，才能使气泡居中？

# 实训二　普通水准测量

## 2.1　目的与要求

1. 掌握普通水准测量的观测、记录、计算、闭合差调整及高程计算的方法。

2. 每位同学完成一条闭合或附合水准路线(4 个测站)的观测和计算。

## 2.2　仪器与场地准备

1. 每组水准仪一台,水准尺一把,记录板一块。

2. 场地布置:由教师指定进行闭合水准路线测量或附合水准路线测量,给出已知高程水准点的位置和待测点(1～2 个)的位置,水准路线测量设 4～6 个测站。

## 2.3　实训步骤

1. 安置水准仪于 $A$ 点和转点 TP1 大致等距离处,进行粗略整平和目镜对光(如图 2-1)(注意已知水准点和待测点上均不放尺垫,而在转点上必须放尺垫)。

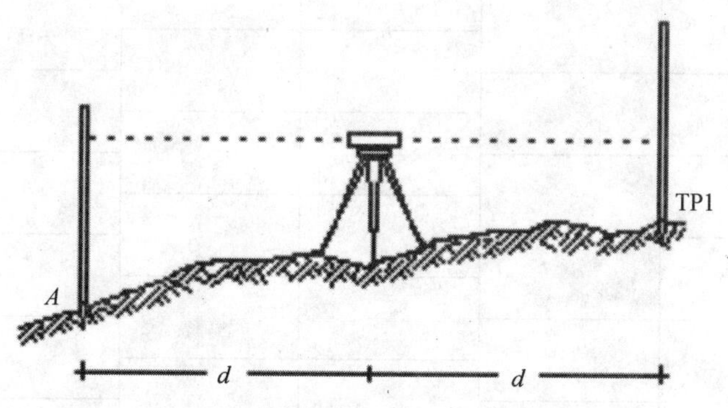


图 2-1　水准测量水准仪安置与水准尺距离示例

2. 后视 $A$ 点的水准尺,精平后读取后视读数,记入手薄;前视 TP1 点上的水准尺,精平后读取前视读数,记入手薄;并计算两点间高差。观测员的每次读数,记录员都应回报检核后记入表 2-1 中,并在测站上算出测站高差。

3. 沿着选定的路线,将仪器搬至 TP1 点和 $B$ 点大致等距离处,按一个测站上的操作程序进行观测,即:安置—粗平—瞄准后视尺—精平—读数—瞄准前视尺—精平—读数和记录;依次连续设站,经过 $C$ 点和 $D$ 点,连续观测,最后回至 $A$ 点。

4. 高差闭合差的计算与调整。

高差闭合差容许值

$$f_{容} \leqslant \pm 40\sqrt{L}\ \text{mm} \text{ 或 } f_{容} \leqslant \pm 12\sqrt{n}\ \text{mm}$$

式中,$L$ 为水准路线长,单位为千米,$n$ 为测站总数。

$f_h=\sum h-(H_{始}-H_{终})=\sum h$，当 $f_h \leqslant f_{容}$ 时成果合格，否则必须返工重测。

当 $f_h \leqslant f_{容}$ 时，则将闭合差反号按测站数或距离成正比例的原则调整各段高差。调整数算至毫米。

5. 高程的计算

根据 $A$ 点高程和各点间改正后的高差推算 $B$、$C$、$D$、$A$ 四个点的高程，最后算出的 $A$ 点高程应与已知值相等，以资校核。

## 2.4 实训记录表

**表 2-1 普通水准测量记录表**

日期：______年____月____日　天气：______　仪器型号：____________　组号：______

观测者：____________　记录者：____________　立尺者：____________

| 测点 | 水准尺读数(m) | | 高差 $h$(m) | | 高程(m) | 备注 |
|---|---|---|---|---|---|---|
| | 后视 $a$(m) | 前视 $b$(m) | + | − | | |
| | | | | | | 起点高程设为 10.505 m |
| | | | | | | |
| | | | | | | |
| | | | | | | |
| | | | | | | |
| | | | | | | |
| | | | | | | |
| | | | | | | |
| | | | | | | |
| | | | | | | |
| | | | | | | |
| $\sum$ | | | | | | |
| 计算校核 | $\sum a-\sum b=$ | | $\sum h=$ | | | |

## 2.5 注意事项

1. 水准尺“00”分划应着地，不得倒立，且应竖直。

2. 水准仪迁站时，前视尺位置不得变动。

3. 由后视转向前视时，不得重调脚螺旋，但必须重调微倾螺旋使符合水准气泡居中，方能读数。

4. 在整个实训过程中，观测者一定不能离开仪器，迁站时先松开制动螺旋，而后将仪器抱在胸前，所有仪器和工具均随人带走。

5. 记录计算必须在规定的表格中边测、边记、边算，不得重新转抄。记录数据有错时，严禁用橡皮涂改，或“字改字”，或连环涂改。

6. 计算一定要步步校核——高差改正数之和等于负的高差闭合差。

7. 实训结束，要认真整理仪器与工具，并归还仪器室。

## 2.6　提交实训资料

实训结束应提交表 2-1。

## 2.7　考核

1. 仪器操作是否规范？

操作不规范，存在以下几点：________________________________________

________________________________________

2. 测量步骤是否正确？

测量步骤不正确包括以下方面：________________________________________

________________________________________

3. 水准测量成果检核与评定。

## 2.8　水准测量实例

日期　2005.12.10　　仪器　950168　　观测　李四

天气　晴　　地点　开发区　　记录　张三

| 测站 | 测点 | 水准尺读数(m) | | 高差(m) | | 程<br>(m) | 备注 |
|---|---|---|---|---|---|---|---|
| | | 后视(a) | 前视(b) | + | − | | |
| Ⅰ | $BM_1$<br>$TP_1$ | 1.647 | 1.230 | 0.417 | | 32.43 | |
| Ⅱ | $TP_1$<br>$TP_2$ | 1.931 | 0.824 | 1.10 | | | |
| Ⅲ | $TP_2$<br>$TP_3$ | 2.345 | 0.412 | 1.93 | | | |
| Ⅳ | $TP_3$<br>$TP_4$ | 2.403 | 0.510 | 1.89 | | | |
| Ⅴ | $TP_4$<br>$TP_5$ | 0.724 | 2.015 | | 1.29 | | |
| Ⅵ | $TP_5$<br>$BM_B$ | 0.816 | 1.749 | | 0.933 | 35.558 | |

续表

| 测站 | 测点 | 水准尺读数(m) | | 高差(m) | | 程(m) | 备注 |
|---|---|---|---|---|---|---|---|
| | | 后视(a) | 前视(b) | + | — | | |
| $\sum$ | | 9.866 | 6.740 | 5.350 | 2.224 | | |
| 计算校核 | | $\sum a-\sum b=9.866-6.740=+3.126$<br>$\sum b=5.350-2.224=+3.126$<br>$H_B-H_A=35.558-32.432=+3.126$ | | | | | |

## 2.9 思考题

1. 由后视转向前视时，为什么不得重调脚螺旋？而必须重调微倾螺旋使符合水准气泡居中，方可读数？

2. 一测站上若未观测完，而仪器碰动了，怎么办？若前视点尺垫移动，怎么办？当后视点尺垫移动，怎么办？仪器迁站时，怎样搬迁仪器？

3. 若高差闭合差超限，如何重测？是否需要整个水准路线全部重测？

4. 若迁站后才发现上一测站有关观测限差超限，则如何重测？

# 实训三　水准仪的检验与校正

## 3.1　目的与要求

1. 掌握 $DS_3$ 级水准仪检验与校正的方法。

2. 每组同学完成一台水准仪的检验与校正。

## 3.2　仪器及工具准备

每组水准仪一台，水准尺两把，记录板一块，校正针一个。

## 3.3　实训步骤

1. 圆水准器轴平行于仪器竖轴的检验与校正

(1)在任何位置调整圆水准器气泡居中。

(2)将水准仪旋转 180°，若此时圆水准气泡不再居中，则需要校正。

(3)调脚螺旋，使气泡退回偏离值的一半。

(4)先稍松动圆水准器底部中央的紧固螺丝，再用校正针拨动校正螺丝使气泡居中。如此反复检校，直至圆水准器在任何位置时气泡都在刻划圈内为止，最后旋紧紧固螺丝。

2. 十字丝横丝垂直于仪器竖轴的检验和校正

(1)在距仪器约 10 m 处且与仪器同高的墙上做一个记号。

(2)调微倾螺旋，使点位于横丝一端，然后，旋转微动螺旋，看固定点始终在横丝上移动，说明条件满足，否则，则应校正。

(3)松开十字丝环上三个固定螺丝，转动十字丝环，使横丝退回偏离值的一半，然后拧紧固定螺丝，如此反复检校，直至满足要求。此项校正应在老师指导下进行。

3. 水准管轴的检验和校正

(1)水准管轴的检验

①选一平坦地面，直线距离约 60～80 m 的两端点 $A$、$B$，将水准尺竖直并固定，水准仪安置在此两点等距离处 $C$，分别读取 $A$、$B$ 两水准尺读数 $a_1$、$b_1$，计算 $A$、$B$ 两点的高差 $h_1=a_1-b_1$；在 $C$ 处改变水准仪的高度，再分别读取 $A$、$B$ 两水准尺读数 $a_2$、$b_2$，计算 $A$、$B$ 两点的高差 $h_2$，当 $h_2-h_1\leqslant\pm3$ mm 时，$A$、$B$ 两点的正确高差 $h_{ab}=(h_2+h_1)/2$。

②将水准仪搬到离 $A$ 约 2～3 m 处，分别读取 $A$、$B$ 两水准尺读数 $a_3$、$b_3$，再计算 $A$、$B$ 两点的高差 $h=a_3-b_3$，若 $h_{AB}-h\leqslant\pm3$ mm，认为满足条件，否则应进行校正。

(2)校正

①算出在前视尺 $B$ 上的正确读数 $b$

$$b=a_3-h_{AB}$$

②调微倾螺旋，使中丝对准 $b$，然后调整水准管上、下两个校正螺丝(注意一松一紧，先松后紧，一般不得松动左、右两校正螺丝)，直至气泡居中为止，再拧紧松开的校正螺丝。如

此反复检校,直至满足要求。此项校正应在老师指导下进行。

## 3.4 实训记录表

**表 3-1 水准仪的检验和校正**

仪器型号:__________ 班组:__________ 检验者:__________

仪器编号:__________ 日期:__________ 记录者:__________

1. 一般性检验

三脚架__________,制动和微动螺旋__________,微倾螺旋__________,对光螺旋__________,脚螺旋__________。

2. 水准仪的检验和校正

(1)圆水准器轴平行于仪器的竖轴

①仪器转 180°后,气泡位置标于右图:

②用校正针校正气泡偏离值的一半。

③第二次检验仪器转 180°后,气泡位置__________。

(2)十字丝横丝垂直于竖轴

①十字丝横丝与细小固定点之间相对运动位置关系标于下图:

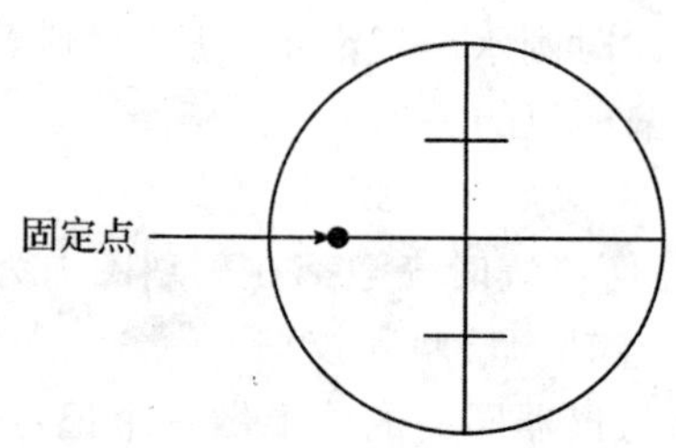


②校正后______________________________。

3. 视准轴平行于水准管轴

| 仪器位置 | 项目 | 第一次 | 第二次 | 第三次 |
|---|---|---|---|---|
| 在中点测高差 | 后视尺 A 上读数 $a_1$ | | | |
| | 前视尺 B 上读数 $b_1$ | | | |
| | 高差 $h_{AB}=a_1-b_1$ | | | |
| | 高差 $h_{AB}$ 平均值 | $h_{AB}=$ | | |
| 在A点附近测高差 | 后视尺 A 上读数 $a_2$ | | | |
| | 前视尺 B 上读数 $b_2$ | | | |
| | 高差 $h=a_2-b_2$ | | | |
| | $h-h_{AB}$ | | | |
| | 正确 $b$ 读数 $=a_2-h_{AB}$ | | | |

备注:

## 3.5　注意事项

1. 上述三项检校的顺序不可颠倒。
2. 各项校正都应反复、仔细进行，直到满足要求。
3. 校正后都应再次检验，证实是否校正好。
4. 校正后，螺丝都应处于夹(顶)紧状态。

## 3.6　提交成果

实训结束提交实训记录表 3-1。

## 3.7　考核

1. 仪器操作是否规范？

操作不规范，存在以下几点：______________________________

______________________________

2. 测量步骤是否正确？

测量步骤不正确包括以下方面：______________________________

______________________________

## 3.8　案例

**表 3-2　是检验水准仪视准轴平行于水准管轴的观测记录与分析报告**

| 仪器位置 | 项目 | 第一次 | 第二次 | 第三次 |
|---|---|---|---|---|
| 在中点测高差 | 后视尺 $A$ 上读数 $a_1$ | 1.357 | 1.487 | 1.366 |
| | 前视尺 $B$ 上读数 $b_1$ | 1.236 | 1.365 | 1.243 |
| | 高差 $h_{AB}=a_1-b_1$ | 0.121 | 0.122 | 0.123 |
| | 高差 $h_{AB}$ 平均值 | $h_{AB}=0.122$ | | |
| 在 $A$ 点附近测高差 | 后视尺 $A$ 上读数 $a_2$ | 1.287 | 1.355 | 1.364 |
| | 前视尺 $B$ 上读数 $b_2$ | 1.165 | 1.231 | 1.242 |
| | 高差 $h=a_2-b_2$ | 0.122 | 0.124 | 0.122 |
| | $h-h_{AB}$ | 0.001 | 0.002 | −0.001 |
| | 正确 $b$ 读数 $=a_2-h_{AB}$ | 1.165 | 1.233 | 1.241 |

备注：若 $h_{AB}-h\leqslant\pm3$ mm，认为满足条件，否则应进行校正。

## 3.9　思考题

1. 为何检验的顺序不能颠倒？

# 实训四　光学经纬仪的认识与使用

## 4.1　目的与要求

1. 熟悉 $DJ_6$ 光学经纬仪的基本构造及主要部件的名称与作用。

2. 掌握经纬仪的对中、整平、瞄准、读数的方法，并掌握基本操作要领。

## 4.2　仪器准备

1. 实习设备有 $DJ_6$ 光学经纬仪一台，记录板 1 块，垂球 1 个，测伞 1 把。自备 2H 铅笔 2 支。

## 4.3　实训方法和步骤

1. 熟悉 $DJ_6$ 光学经纬仪的基本构造及主要部件的名称与作用。

2. 练习经纬仪的基本操作方法。

(1)对中和整平　对中就是将仪器的中心安置在测站点的铅垂线上，有垂球对中与光学对中两种方法。

方法一：使用垂球对中法安置仪器

①调整三脚架架腿至合适长度，张开三脚架，放在测站点上，架头中心应大致对准测站点，架头大致水平。在中心螺旋下方挂上垂球，若垂球尖垂直投影点与测站标志中心相差较大，可平移三脚架，使垂球尖大致对准测站点，将三脚架的脚尖踩入土中，架头仍要保持大致水平。将仪器从仪器箱中取出(记住仪器摆放位置)，两手握照准部支架(或一手握支架一手托基座)，将仪器小心安放在三脚架架头上，一手仍握住照准部支架，另一手将中心螺旋旋入仪器基座底板的连接孔内，适度旋紧。此时若垂球尖偏离测站点标志中心，则稍松中心螺旋，将仪器在三脚架架头上平移，至垂球尖与测站点标志中心的偏差不大于 3 mm，即旋紧中心螺旋。

②整平经纬仪的基座上有圆水准器，照准部有照准部水准管，所以经纬仪的整平也分粗平和精平(有些仪器没有圆水准器，只需精平)。

粗平是使圆水准器气泡居中，使仪器竖轴大致铅垂。粗平方法与水准仪粗平相同。

精平就是旋转脚螺旋使照准部水准管在任何方向气泡都居中，从而使仪器竖轴处于铅垂位置，水平度盘居于水平位置。精平时，转动照准部使其长水准管平行于任意两个脚螺旋的连线，如图 4-1(a)，按左手规则，两手同时对向(或反向)旋转这两个脚螺旋，使气泡居中；再将照准部旋转 90°，使水准管垂直于原来两个脚螺旋的连线，如图 4-1(b)。转动第 3 个脚螺旋使气泡居中。重复上述步骤，直至在两位置气泡均居中为止。

方法二：使用光学对中法安置仪器　用光学对中器对中时，一般是先对中后整平。具体步骤是：

①先将三脚架调到合适高度(齐胸高)，然后在测点上方张开脚架，连接经纬仪。

②双手轻轻提起三脚架的任意两条腿，以第三条腿的脚尖为圆心左右旋转三脚架，眼睛同时通过光学对中器瞄准地面，直至对中器分划板的刻划中心与测点标志基本重合。然后轻轻放下提起的两条腿，踩实三脚架的三只脚。在提起三脚架的两条腿时，不宜提得过高，以能转动三脚架为宜。

③根据圆水准器气泡偏离中心位置情况，依次升降三脚架三条腿的高度，直至圆水准管气泡基本居中。应强调的是，在升降三脚架的高度时，应保持三条腿的脚尖在地面的位置不发生移动，这是采用光学对中器进行整平对中的基本要领。

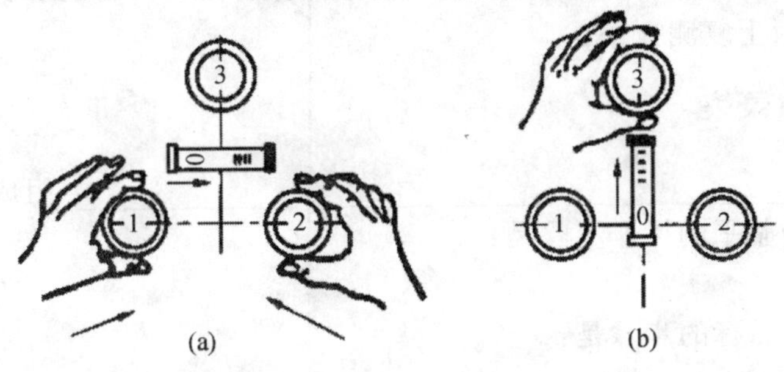


图 4-1　整平

(2)瞄准目标

瞄准就是使望远镜十字丝交点精确瞄准目标。

瞄准前先松开照准部制动螺旋与望远镜制动螺旋，将望远镜对向明亮的背景(如天空、浅色墙壁)，旋转目镜对光螺旋，使十字丝成像清晰。然后利用望远镜上的准星与照门(或瞄准器)瞄准目标，在望远镜视场内看到目标后，旋紧照准部制动螺旋与望远镜制动螺旋。旋转物镜对光螺旋使目标成像清晰，此时注意消除视差。旋转望远镜与照准部微动螺旋，用十字丝的单纵丝(目标影像小时用单纵丝与目标重合)或双纵丝(目标影像大时，将目标影像夹在双纵丝内并与双丝对称)精确瞄准目标。为减少目标倾斜对水平角的影响。当瞄准测钎、花杆时，应瞄准其底部；当瞄准垂球线时，应瞄准其上部。

(3)读数

瞄准目标后，调整好反光镜，使读数窗照明均匀、明亮而不刺目。然后调节读数显微镜目镜，使度分划和分微尺刻划成像清晰。如图 4-2，读数窗有 2 个窗格，上面窗格有“—”者为水平度盘及其分微尺的影像(图中读数为 115°03.7′)；下面窗格有“⊥”者为竖盘及其分微尺的影像(图中读数为 72°51.6′)；亦有的仪器用“Hz”表示水平度盘，用“v”表示竖盘。

图 4-2　分微尺测微器读数

3. 角度测量

在地面上选定彼此相距约 50 m 的三点 $A$、$B$、$C$，在 $A$、$C$ 点上架设竹三脚架，并用垂球对中，或用其他标志亦可。在 $B$ 点安置仪器后(对中、整平)，盘左(竖盘在望远镜左侧)瞄准左方点 $A$ 的垂线并读数 $LA$，再瞄准右方点 $C$ 的垂线并读数$LC$，则角$\angle ABC$用盘左测得的角度值$\beta_{左}=LC-LA$。上述读数、计算均应记录于表4-1中。

4. 配置水平度盘的练习。

瞄准目标后，打开水平度盘变换手轮的保险手柄（或保护盖），按下并转动度盘变换手轮，从读数显微镜中可看到水平度盘读数的变化情况，将水平度盘读数配置为你所需要的读数后（如0°01′00″，90°02′00″），扳上保险手柄。

有些仪器无度盘变换手轮，而是用复测扳手（复测卡）来配置度盘，其操作方法与度盘变换手轮有所不同。方法为：转动照准部至水平度盘读数为你所需读数时，扳下复测扳手，瞄准初始目标后，再扳上复测扳手。

## 4.4 实训记录表

1. 经纬仪由______________、______________、______________组成。

2. 经纬仪对中整平的操作步骤是：

3. 经纬仪照准目标的步骤是：

4. 经纬仪瞄准$A$点时的水平度盘读数是：________________，

竖直度盘读数是：________________

经纬仪瞄准$B$点时的水平度盘读数是：________________，

竖直度盘读数是：________________

5. 水平角观测记录及计算

表 4-1

仪器型号：　　　观测者：　　　记录者：　　　日期：

| 目标 | 水平度盘读数（° ′ ″） | 水平角（° ′ ″） | 备注 |
|---|---|---|---|
| 左目标 $A$ | | | |
| 右目标 $B$ | | | |
| 左目标 $C$ | | | |
| 右目标 $D$ | | | |

## 4.5 注意事项

1. 经纬仪对中时，应使三脚架架头大致水平，否则会导致仪器整平困难。

2. 操作仪器不宜用力过猛。制动螺旋旋紧时要适度，不宜过紧。微动螺旋、脚螺旋都有一定的调节范围，宜使用中间部分，而不宜旋至顶端。

3. 分微尺$DJ_6$光学经纬仪读数时，可估读至0.1′即6″。

4. 轴座固定螺旋和中心连接螺旋一定要旋紧，防止仪器从脚架上摔落。

## 4.6 上交资料

上交实训记录表4-1。

## 4.7　考核

表 4-2　经纬仪使用与认识

| | 考核项目 | 评分标准 | 得分 |
|---|---|---|---|
| 技能考核 | 工作态度 | 实训态度认真、能独立完成仪器操作和测设数据计算(20 分) | |
| | 仪器操作 | 爱护仪器、操作熟练、规范、方法步骤正确、含对中、整平、瞄准、读数不缺项(40 分) | |
| | 读数、记录 | 读数、记录正确、规范(10 分) | |
| | 精度 | 精度符合要求(20 分) | |
| | 综合印象 | 动作规范、熟练,文明作业(10 分) | |
| | 总分 | 100 分 | |

## 4.8　思考题

1. 经纬仪对中整平的目的是什么？试述用光学对点器对中整平的步骤和方法。
2. 水准仪与经纬仪的安置有何不同？
3. 分述具有复测扳手或度盘变换手轮装置的经纬仪的配零步骤。
4. 水平角观测中,若右目标读数小于左目标读数时,应如何计算角值？
5. 观测水平角时,若测三个测回,各测回盘左起始方向读数应配为多少？
6. 简述各部件和螺旋的作用。
7. 试述水平角观测的方法和测回法的应用范围。
8. 叙述用测回法观测水平角的观测程序。
9. 何谓水平角？若某测站点与两个不同高度的目标点位于同一竖直面内,那么其构成的水平角是多少？
10. 完成表 4-3 测回法测水平角的计算。

表 4-3　测回法观测手簿

| 测站 | 竖盘位置 | 目标 | 水平度盘读数 (° ′ ″) | 半测回角值 (° ′ ″) | 一测回角值 (° ′ ″) | 各测回平均值 (° ′ ″) | 备注 |
|---|---|---|---|---|---|---|---|
| 第一测回 O | 左 | A | 0 01 00 | | | | |
| | | B | 97 18 48 | | | | |
| | 右 | A | 180 01 30 | | | | |
| | | B | 277 19 12 | | | | |
| 第二测回 O | 左 | A | 90 00 06 | | | | |
| | | B | 187 17 36 | | | | |
| | 右 | A | 270 00 36 | | | | |
| | | B | 7 18 00 | | | | |

11. 计算水平角时,如果被减数不够减时为什么可以再加 360°？
12. 电子经纬仪的主要特点是什么？

# 实训五　测回法和方向法观测水平角

## 5.1　目的与要求

1. 熟练使用光学经纬仪。
2. 掌握测回法观测水平角的观测顺序、记录和计算方法。
3. 掌握方向法观测水平角的操作顺序、记录、计算方法，熟悉各项限差的要求。

## 5.2　仪器准备

1. 实习设备有 $DJ_6$ 光学经纬仪 1 台，记录板 1 块，竹三脚架 2 个，垂球 2～3 个，木桩 3 个，斧头 1 把，测伞 1 把。自备 2H 铅笔 2 支。

## 5.3　实训方法与步骤

水平角测量方法有测回法和方向观测法。

1. 测回法观测水平角的操作步骤

如图 5-1，在测站点 $B$ 上安置经纬仪，用盘左和盘右各观测水平角（$\angle ABC$）一次，盘左观测时为上半测回，盘右观测时为下半测回。若上、下半测回观测角值相差不超过容许误差 $\pm 40''$，则取其平均值作为一测回的结果。其观测步骤为：

（1）上半测回，盘左（竖盘在望远镜观测方向的左边）

瞄准左方点（如图 5-1 中的 $A$ 点），读水平度盘读数（$L_A$），记录在表 5-1 中；顺时针方向转动照准部，瞄准右方点（如图 5-1 中的 $C$ 点），读水平度盘读数（$L_C$）记录在表 5-1 中；计算上半测回角值 $\beta_{左}=L_C-L_A$。

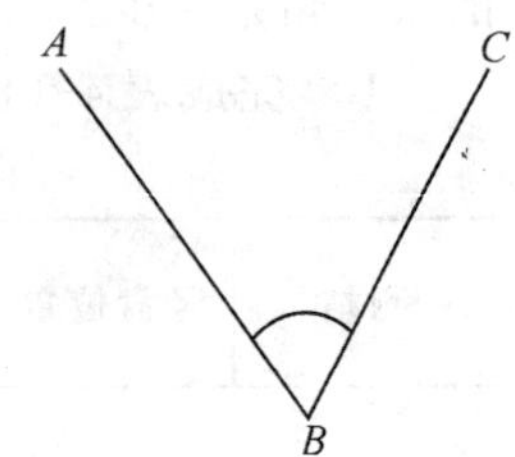

图 5-1　测回法测水平角

（2）下半测回，盘右（竖盘在望远镜观测方向的右边）

倒转望远镜，逆时针方向转动照准部，瞄准右方点 $C$，读数得 $Rc$，记录；逆时针方向转动照准部，瞄准左方点 $A$，读数得 $R_A$，记录；计算下半测回角值 $\beta_{右}=Rc-R_A$。

（3）检查有无超限

上下半测回角值之差 $\Delta\beta=\beta_{左}-\beta_{右}$，使用 DJ6 光学经纬仪观测时，其限差为 $\Delta\beta_{限}=\pm 40''$，若 $\Delta\beta$ 不超过限差 $\pm 40''$，则取上、下半测回角值的平均值为一测回水平角值，$\beta=\frac{1}{2}(\beta_{左}+\beta_{右})$；若 $\Delta\beta$ 超过限差 $\pm 40''$，则需重测整个测回。

2. 方向法观测水平角的操作步骤

当测站上的观测目标超过 2 个时，要采用方向法观测水平角。观测测站至各目标点的方向值，然后由方向值计算水平角值。一测回观测中，仍分为上半测回与下半测回。如图 5-2，测站点为 $O$，$A$、$B$、$C$、$D$ 为观测目标点，则一测回操作顺序为：

(1)上半测回,盘左

选定目标点 $A$ 为零方向(起始方向),瞄准 $A$;将水平度盘读数配置在比零度稍大的读数处,记录读数于表 5-2;顺时针方向依次瞄准 $B$、$C$、$D$,记录读数;为检查水平度盘有无变动,顺时针方向转动,再次瞄准零方向 $A$,这一步骤称为“归零”。零方向两次读数之差称为半测回归零差。当用 $DJ_2$ 光学经纬仪观测时,半测回归零差不得超过±8″,当用 $DJ_6$ 光学经纬仪观测时,半测回归零差不得超过±18″。若超过限差,应重测。

(2)下半测回,盘右

瞄准零方向 $A$,记录读数;逆时针方向依次瞄准 $D$、$C$、$B$、$A$,记录读数;检查半测回归零差是否超限,若超限,整个测回重测。

下半测回应随测随记随算出二倍照准差 $2C$。$2C$=盘左读数-(盘右读数±180°)。当用 $DJ_2$ 光学经纬仪观测时,一测回内 $2C$ 互差(最大的 $2C$ 值与最小的 $2C$ 值之差)不应超过±13″,若超限了须重测。对 $DJ_6$ 光学经纬仪无此项限差要求。

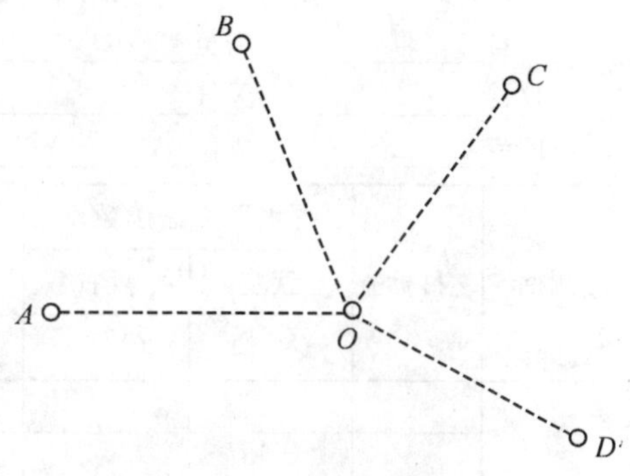

图 5-2 方向观测法测水平角

(3)计算一测回方向值

一测回内各方向的平均读数为:

平均读数=[盘左读数+(盘右读数±180°)]/2

取零方向的两个平均读数的中数,图 5-2 方向观测法测水平角记于第一行,加括号,作为零方向的平均数。将各方向的平均读数减去零方向的平均数,得到各方向的一测回方向值。以上叙述的是一测回方向法观测的步骤,若需要观测 $n$ 个测回,则各测回要变换零方向的度盘读数,以消除度盘的分划误差。各测回间零方向读数变动值为 $\frac{180^\circ}{n}$。例如:要观测两测回,应变动 90°。则第一测回上半测回零方向应配置为略大于 0°,第二测回上半测回零方向应配置为 90°略大些。另外,$n$ 测回观测时,同一方向各测回方向值的互差,对 $DJ_6$ 光学经纬仪不得超过±24″,对 $DJ_2$ 光学经纬仪不得超过±9″。若满足精度要求,取各测回的方向值的平均值,作为平均方向值。

## 5.4 实训记录表

表 5-1 测回法水平角观测记录表

天气______ 成像______ 观测者______ 记录者______ 观测日期: 年 月 日

| 测站 | 目标 | 竖盘位置 | 水平度盘读数 (° ′ ″) | 角值 (° ′ ″) | 平均角值 (° ′ ″) | 备注 |
|---|---|---|---|---|---|---|
| | | | | | | |
| | | | | | | |
| | | | | | | |
| | | | | | | |

续表

| 测站 | 目标 | 竖盘位置 | 水平度盘读数 (° ′ ″) | 角值 (° ′ ″) | 平均角值 (° ′ ″) | 备注 |
|---|---|---|---|---|---|---|
| | | | | | | |
| | | | | | | |
| | | | | | | |
| | | | | | | |

**表 5-2　方向法观测水平角记录手簿**

自＿＿＿＿＿　测至＿＿＿＿＿　班组＿＿＿＿＿　观测者＿＿＿＿＿

仪器＿＿＿＿＿　天气＿＿＿＿＿　日期＿＿＿＿＿　记录者＿＿＿＿＿

K＝＿＿＿＿＿　成像＿＿＿＿＿　时间＿＿＿＿＿　检查者＿＿＿＿＿

| 测回 | 目标 | 水平度盘读数 | | 左－右 (2C) | 平均读数 | 一测回方向值 | 各测回平均方向值 | 备注 |
|---|---|---|---|---|---|---|---|---|
| | | 盘左 | 盘右 | | | | | |
| | | (° ′ ″) | (° ′ ″) | (″) | (° ′ ″) | (° ′ ″) | (° ′ ″) | |
| | | | | | | | | |
| | | | | | | | | |
| | | | | | | | | |
| | | | | | | | | |
| | | | | | | | | |
| | | | | | | | | |
| | | | | | | | | |
| | | | | | | | | |
| | | | | | | | | |
| | | | | | | | | |
| | | | | | | | | |
| | | | | | | | | |
| | | | | | | | | |
| | | | | | | | | |
| | | | | | | | | |
| | | | | | | | | |
| | | | | | | | | |
| | | | | | | | | |
| | | | | | | | | |
| | | | | | | | | |
| | | | | | | | | |
| | | | | | | | | |
| | | | | | | | | |
| | | | | | | | | |
| | | | | | | | | |

## 5.5　注意事项

1. 旋紧中心螺旋和轴座固定螺旋。

2. 一测回内照准部水准管偏移不得超过一格，否则，重新整平仪器，重测该测回。

3. 同一测回观测时，切勿碰动复测扳手或度盘变换手轮，以免发生错误。

4. 一测回内不得重新整平仪器，但测回间可以重新整平仪器。比如观测完第一测回后，可以重新整平仪器，再开始第二测回的观测。

## 5.6　上交资料

上交表 5-1 和表 5-2

## 5.7　考核

1. 测试题目与内容

测回法观测水平角的观测顺序、记录和计算方法。

2. 测试时间

30 分钟。

3. 测试条件(情景)

(1)$DJ_6$型光学经纬仪 1 台，脚架 1 个、测钎 2 根、记录夹 1 个，测伞 1 把。

(2)在测区地面上任意选择三个点 $A$、$O$、$B$，分别打入木桩，桩顶钉小钉表示点位。要求 $A$ 点、$B$ 点距离 $O$ 点约 100 m 左右，且两距离有所不同。设置三点高程有明显不同。

4. 测试要求及评分标准

(1)严格按操作规程作业；

(2)要求对中误差≤3 mm，整平误差≤1 格，上、下半测回角值差不超过 36″，各测回角值差不超过 24″；

(3)记录、计算完整、整洁，无错误；数据记录、计算均应填写在相应的《测试报告》中，记录表不可用橡皮擦修改，记录表以外的数据不作为考核结果；

(4)要求测量三个测回；

(5)评分标准见表 5-3；

表 5-3　评分标准

<table>
<tr><th>项目</th><th>序号</th><th>考核内容要求</th><th>配分</th><th colspan="2">评分标准</th></tr>
<tr><td rowspan="5">主要项目</td><td>1</td><td>对中误差小于 1 mm</td><td>5</td><td>超限扣 5 分</td><td rowspan="5">计算错误一次扣 2 分</td></tr>
<tr><td>2</td><td>水准管气泡偏移不超过一格</td><td>5</td><td>超限扣 5 分</td></tr>
<tr><td>3</td><td>度盘配置</td><td>10</td><td>错误一次扣 2 分</td></tr>
<tr><td>4</td><td>2C 互差</td><td>10</td><td>超限扣 5 分</td></tr>
<tr><td>5</td><td>半测回角值差</td><td>10</td><td>超限一次扣 10 分</td></tr>
<tr><td rowspan="3">一般项目</td><td>1</td><td>对中</td><td>10</td><td colspan="2">操作错误一次扣 2 分</td></tr>
<tr><td>2</td><td>整平</td><td>15</td><td colspan="2">超限一次扣 2 分</td></tr>
<tr><td>3</td><td>操作步骤</td><td>25</td><td colspan="2">操作错误一次扣 2 分</td></tr>
<tr><td rowspan="2">安全文明生产</td><td>1</td><td>安全文明生产</td><td>5</td><td colspan="2" rowspan="2"></td></tr>
<tr><td>2</td><td>爱护仪器设备</td><td>5</td></tr>
</table>

5. 测试报告

**表 5-4　测回法水平角测量技能测试报告**

考评日期：__________姓名：__________成绩：________考评员：

| 测试题目 | 测回法水平角测量 | | |
|---|---|---|---|
| 主要仪器及工具 | | | |
| 天气 | | 仪器号码 | |

**表 5-5　测回法水平角测量手簿**

| 测站 | 测回数 | 竖盘位置 | 目标 | 水平度盘读数 (° ′ ″) | 半测回角值 (′ ″) | 一测回角值 (° ′ ″) | 各测回平均角值 (′ ″) | 备注 |
|---|---|---|---|---|---|---|---|---|
| | | | | | | | | |
| | | | | | | | | |
| | | | | | | | | |
| | | | | | | | | |
| | | | | | | | | |
| | | | | | | | | |
| | | | | | | | | |
| | | | | | | | | |
| | | | | | | | | |
| | | | | | | | | |
| | | | | | | | | |
| | | | | | | | | |

6. 测试成绩评定表

本表用于考评员给考生评定成绩，最后连同考生《测试报告》归档保存。

## 5.8　思考题

1. 测回法的应用范围？
2. 若中心螺旋或轴座固定螺旋没有旋紧，会造成什么后果？
3. 当观测方向为 3 个时，方向观测法是否一定要归零？
4. 若进行三测回方向法观测，则各测回零方向应如何配置度盘读数？

# 实训六　$DJ_6$型光学经纬仪的检验与校正

## 6.1　实训目的与要求

1. 了解经纬仪的构造和原理。
2. 掌握经纬仪的检验和校正方法。

## 6.2　仪器设备

1. 每组 $DJ_6$ 光学经纬仪 1 台，三角板或直尺 1 个，皮尺 1 把，记录板 1 个。

## 6.3　实训任务

1. 完成经纬仪的检验任务（照准部水准管轴、十字丝竖丝、视准轴、横轴、光学对中器、竖盘指标差）。

## 6.4　了解经纬仪的主要轴线及其应满足的几何关系

1. 经纬仪的主要轴线

如图 6-1 所示，经纬仪的主要轴线有：竖轴（$VV$）、横轴（$HH$）、视准轴（$CC$）和水准管轴（$LL$）。

2. 经纬仪各轴线间应满足的几何关系

（1）水准管轴应垂直于竖轴（$LL \perp VV$）；

（2）十字丝纵丝应垂直于横轴；

（3）视准轴应垂直于横轴（$CC \perp HH$）；

（4）横轴应垂直于竖轴（$HH \perp VV$）；

（5）望远镜视准轴水平、竖盘指标水准管气泡居中时，指标读数应为 90°的整倍数，即竖盘指标差为零。

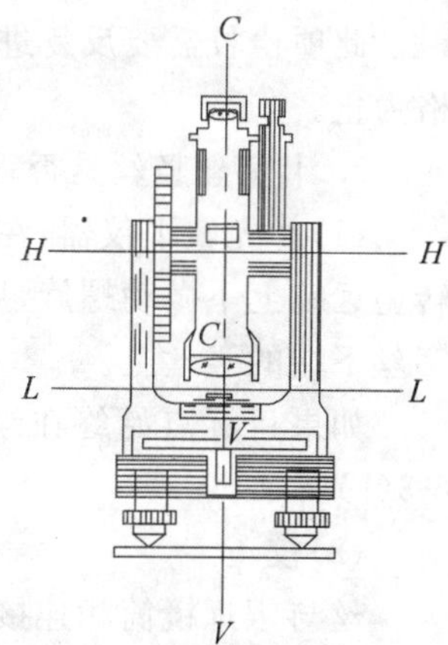


图 6-1　经纬仪的主要轴线

经纬仪在出厂时，上述几何条件是满足的。但是，由于仪器长期使用或受到碰撞、震动等影响，可能导致轴线位置发生变化。所以，在正式作业前，应对经纬仪进行检验，如发现上述几何关系不满足，必须校正，直到满足为止。

## 6.5　实训要点及流程

1. 要点：经纬仪检验时，要求观测精度高。竖直角观测时，注意经纬仪竖盘读数与竖直角的区别；把检验的过程与结果记录在表格。

2. 经纬仪检验流程：

照准部水准管轴—十字丝竖丝—视准轴—横轴—光学对中器—竖盘指标差

## 6.6　实训步骤

1. 照准部水准管的检验。

(1)首先利用圆水准器粗略整平仪器，然后转动照准部使水准管平行于任意两个脚螺旋的连线方向，调节这两个脚螺旋使水准管气泡居中，再将仪器旋转 180°，如水准管气泡仍居中，说明水准管轴与竖轴垂直；若气泡不再居中，则说明水准管轴与竖轴不垂直，需要校正。

(2)校正

如图 6-2(a)所示，设竖轴与水准管轴不垂直，偏离了 α 角，则当仪器绕竖轴旋转 180°后，竖轴不垂直于水准管轴的偏角为 2α，如图 6-2(b)所示。

校正时，用校正针拨动水准管一端的校正螺丝，使气泡回到偏离中心位置的一半，即图 6-2(c)所示位置，此时水准管轴与竖轴垂直，然后再相对转动这两只脚螺旋，使气泡居中，如图 6-2(d)。

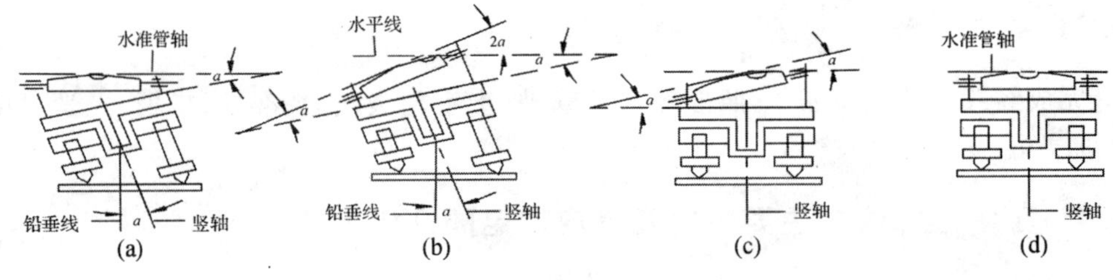


图 6-2　水准管轴的检验与校正

此项检校需要反复进行，直至仪器旋转到任意方向，气泡仍然居中或偏离零点不大于半格为止。

2. 十字丝竖丝是否垂直于横轴。

(1)首先整平仪器，在墙上找一点，使其恰好位于经纬仪望远镜十字丝上端的竖丝上，旋转望远镜上下微动螺旋，用望远镜下端对准该点，观察该点______(填“是”或“否”)仍位于十字丝下端的竖丝上。

如果目标点始终在纵丝上移动，说明条件满足，如图 6-3(a)所示；否则需要校正，如图 6-3(b)所示。

(2)校正

丝与望远镜筒相连接。校正时，先旋下目镜分划板护盖，松开四个压环螺丝，转动目镜筒，使目标点在望远镜上下俯仰时始终在十字丝纵丝上移动为止，最后将压环螺丝拧紧，拧上护盖。

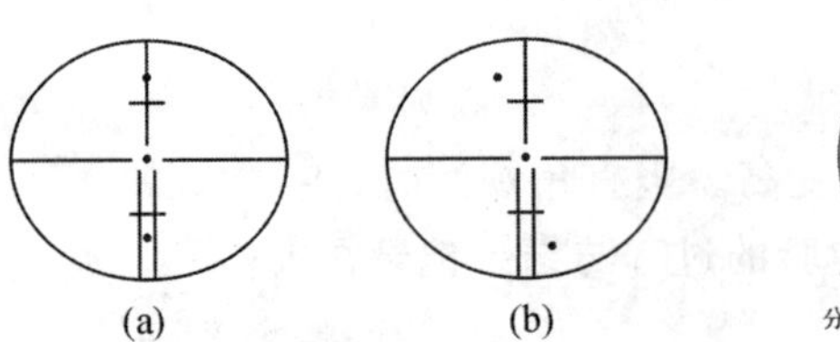


图 6-3　十字丝纵丝的检验

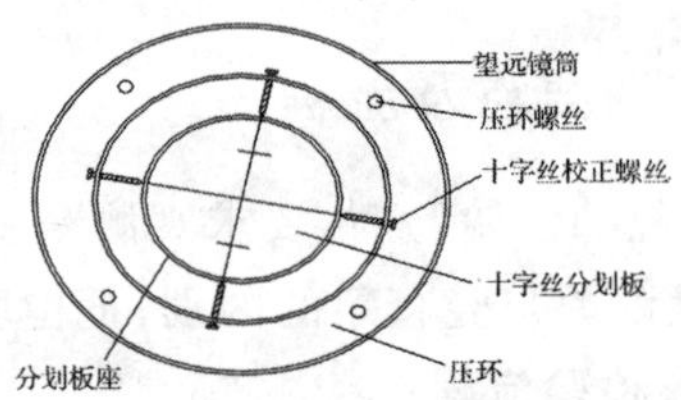


图 6-4　十字丝纵丝的校正

3. 视准轴 $CC$ 垂直于横轴 $HH$ 的检验与校正

视准轴不垂直于水平轴所偏离的角值 $c$ 称为视准轴误差。具有视准轴误差的望远镜绕水平轴旋转时，视准轴将扫过一个圆锥面，而不是一个平面。

视准轴误差的检验方法有盘左盘右读数法和四分之一法两种，下面分别介绍检验方法。

(1)读数法：

检验：首先整平仪器，然后盘左瞄准远处与仪器大致等高的目标 $P$，读取水平度盘读数 $M_1$；盘右再瞄准 $P$ 点，读取水平度盘读数 $M_2$。若 $M_2=M_1\pm180°$，则说明视准轴垂直于仪器横轴。否则，有视准误差 $C$，其值 $C=1/2(M_1-M_2\pm180°)$，当 $c>60''$需要校正。

校正：先计算盘右时水平度盘正确的读数 $M'=1/2(M_2+M_1\pm180°)$，转动水平微动螺旋，使水平度盘读数为 $M'$，此时十字丝交点偏移 $P$ 点，旋下十字丝护罩，先用校正针拨松上(或下)十字丝校正螺丝，再拨动左、右两个校正螺丝，一松一紧，移动十字丝环，直至十字丝交点对准 $P$ 点为止，如此反复检校多次。最后旋上十字丝护罩。

(2)四分之一法

检验：

①在平坦地面上，选择相距约 100 m 的 $A$、$B$ 两点，在 $AB$ 连线中点 $O$ 处安置经纬仪，如图 6-5 所示，并在 $A$ 点设置一瞄准标志，在 $B$ 点横放一根刻有毫米分划的直尺，使直尺垂直于视线 $OB$，$A$ 点的标志、$B$ 点横放的直尺应与仪器大致同高。

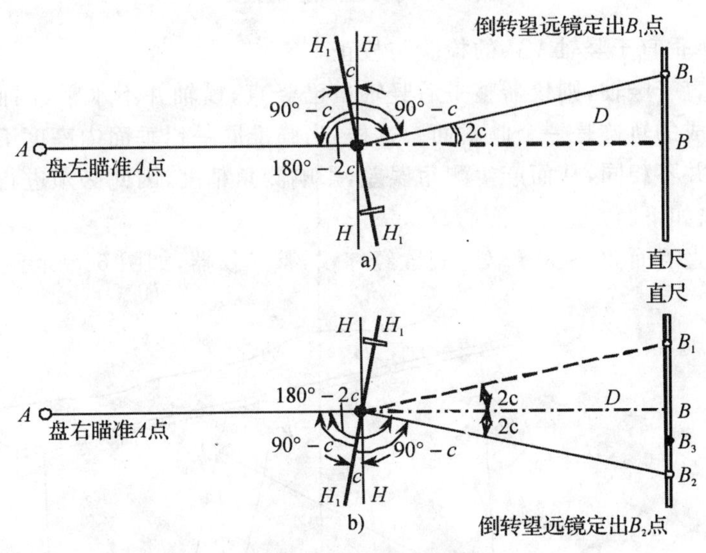


**图 6-5 视准轴误差的检验(四分之一法)**

②用盘左位置瞄准 $A$ 点，制动照准部，然后纵转望远镜，在 $B$ 点尺上读得 $B_1$，如图 6-5a 所示。

③用盘右位置再瞄准 $A$ 点，制动照准部，然后纵转望远镜，再在 $B$ 点尺上读得 $B_2$，如图 6-5b 所示。

如果 $B_1$ 与 $B_2$ 两读数相同，说明视准轴垂直于横轴。如果 $B_1$ 与 $B_2$ 两读数不相同，由图 6-5b 可知，$\angle B_1OB_2=4c$，由此算得

$$c=\frac{B_1B_2}{4D}\rho$$

式中，$D$——$O$ 到 $B$ 点的水平距离(m)；

$B_1B_2$——$B_1$ 与 $B_2$ 的读数差值(m)；

$\rho$——一弧度秒值，$\rho=206265('')$。

对于 $DJ_6$ 型经纬仪，如果 $c>60''$，则需要校正。

校正：校正时，在直尺上定出一点 $B_3$，使 $B_2B_3=B_1B_2/4$，$OB_3$ 便与横轴垂直。打开望远镜目镜端护盖，如图 6-6 所示，用校正针先松十字丝上、下的十字丝校正螺钉，再拨动左右两个十字丝校正螺钉，一松一紧，左右移动十字丝分划板，直至十字丝交点对准 $B_3$。此项检验与校正也需反复进行。

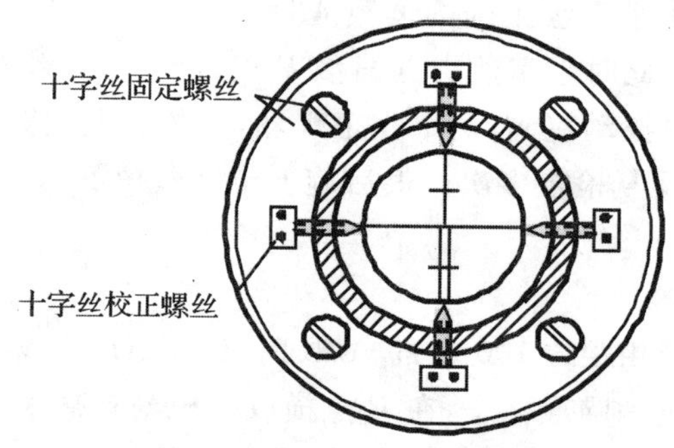


**图 6-6　十字丝纵丝的校正**

4. 横轴 $HH$ 垂直于竖轴 $VV$ 的检验与校正

若横轴不垂直于竖轴，则仪器整平后竖轴虽已竖直，横轴并不水平，因而视准轴绕倾斜的横轴旋转所形成的轨迹是一个倾斜面。这样，当瞄准同一铅垂面内高度不同的目标点时，水平度盘的读数并不相同，从而产生测角误差，影响测角精度，因此必须进行检验与校正。

(1)检验方法如下。

①在距一垂直墙面 20～30 m 处，安置经纬仪，整平仪器，如图 6-7 所示。

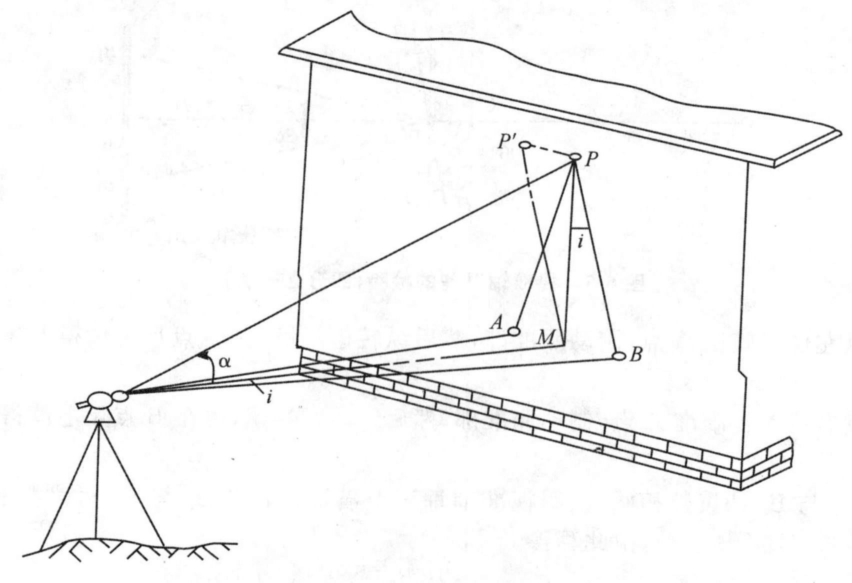


**图 6-7　横轴垂直于竖轴的检验与校正**

②盘左位置，瞄准墙面上高处一明显目标 $P$，仰角宜在 30°左右。

③固定照准部，将望远镜置于水平位置，根据十字丝交点在墙上定出一点 $A$。

④倒转望远镜成盘右位置，瞄准 $P$ 点，固定照准部，再将望远镜置于水平位置，定出点 $B$。

如果 $A$、$B$ 两点重合，说明横轴是水平的，横轴垂直于竖轴；否则，需要校正。

①用皮尺量得：$OM=$ ＿＿＿＿＿＿。

②用经纬仪测得竖直角：

| 测点 | 目标 | 竖盘位置 | 竖盘读数 (° ′ ″) | 半测回竖直角 (° ′ ″) | 指标差 (″) | 一测回竖直角 (° ′ ″) |
|---|---|---|---|---|---|---|
| | | 左 | | | | |
| | | 右 | | | | |

③用小钢尺量得：$P_1P_2=$ ＿＿＿＿＿＿。

④经计算得：$i''=\dfrac{P_1P_2}{2D\cdot tg\alpha}\cdot\rho''=$ ＿＿＿＿＿＿。

(2)校正

①在墙上定出 $A$、$B$ 两点连线的中点 $M$，仍以盘右位置转动水平微动螺旋，照准 $M$ 点，转动望远镜，将望远镜上翘到和 $P$ 点同高的位置，这时十字丝交点必然偏离 $P$ 点，设为 $P'$ 点。

②打开仪器支架的护盖，松开望远镜水平轴的校正螺丝，转动偏心轴承，升高或降低水平轴的一端，使十字丝交点准确照准 $P$ 点，最后拧紧校正螺丝，盖上护盖。

由于光学经纬仪密封性好，仪器出厂时又经过严格检验，一般情况下水平轴不易变动。但测量前仍应加以检验，如有问题，由专业修理单位检修。

5. 指标差的检验与校正

(1)检验

| 测点 | 目标 | 竖盘位置 | 竖盘读数 (° ′ ″) | 半测回竖直角 (° ′ ″) | 指标差 (″) | 一测回竖直角 (° ′ ″) |
|---|---|---|---|---|---|---|
| | | 左 | | | | |
| | | 右 | | | | |
| | | 左 | | | | |
| | | 右 | | | | |
| | | 左 | | | | |
| | | 右 | | | | |
| | | 左 | | | | |
| | | 右 | | | | |

(2)校正

先计算出盘右（或盘左）时的竖盘正确读数 $R_0=R-x$（或 $L_0=L-x$），仪器仍保持照准原目标，然后转动竖盘指标水准管微动螺旋，使竖盘指标在 $R_0$（或 $L_0$）上，此时竖盘指标水准管气泡不再居中了，用校正针拨动水准管一端的校正螺丝，使气泡居中。

此项检校亦须反复进行，直至指标差小于规定的限度为止。

6. 光学对中器的检验

安置经纬仪后，使光学对中器十字丝中心精确对准地面上一点，再将经纬仪的照准部旋转180°，眼睛观察光学对中器，其十字丝精确对准地面上的点。如果分划圈中心仍对准交点$A$，则说明满足条件。否则，需要校正。

校正：通过调节相应的校正螺丝1或2，使分划圈中心左右或前后移动对准$A$、$B$的中点，反复1—2次，直到照准部转到任何位置，光学对中器分划圈中心始终对准$A$点为止。

测量规范要求，在正式作业前，应对经纬仪进行检验和校正。仪器检校合格后方可使用。

## 6.7 实训记录表

日期________ 天气________ 班级________ 小组________ 仪器型号________

观测________ 记录________

| 实训项目 | | 成绩 | |
|---|---|---|---|
| 实训目的 | | | |
| 主要仪器工具 | | | |
| 1. 圆水准轴平行于纵轴的检验与校正过程。 | | | |
| 2. 十字丝竖丝垂直于横轴的检验与校正过程。 | | | |
| 3. 视准轴垂直于横轴的检验与校正过程。 | | | |
| 4. 实训总结 | | | |

## 6.8 注意事项

1. 几个项目检验的顺序不能颠倒。各项校正后，校正螺丝应处于稍紧状态。
2. 选择测站时，最好应顾及视准轴与横轴两项检验。

## 6.9 考核

1. 测试题目与内容

经纬仪的检验与校正。

检验 $DJ_6$ 型光学经纬仪各条轴线之间的关系是否满足要求，如不满足要求，进行校正，直到满足要求。

2. 测试条件(情景)

(1)仪器、工具：$DJ_6$ 型光学经纬仪 1 台，脚架 1 个，校正针 1 根，旋具 1 把，记录夹 1 个，花杆 2 根，三角板一对，皮尺 1 把。

(2)场地要求：选择一墙壁，墙面垂直、清洁以便于在墙上选择清晰高点和标志点位，墙体前有一定空地，便于安置仪器和安放照准标志。

3. 测试要求及评分标准

(1)严格按操作规程作业；

(2)观测、记录、计算和相关叙述内容应完整、整洁、无错误，并按要求记录在相应的《测试报告》中，记录表以外的数据与文字不作为考核结果；

(3)对于 $DJ_6$ 型光学经纬仪来说，i 角值不得大于 20″，如果超限，则需要校正；

(4)评分标准见表 6-1。

表 6-1　测试评分标准(百分制)

| 序号 | 测试内容 | 评分标准 | 配分 |
|---|---|---|---|
| 1 | 工作态度 | 仪器工具轻拿轻放，搬仪器动作规范，装箱正确，操作熟练、规范 | 10 |
| 2 | 安置经纬仪 | 脚架架头大致水平，仪器完成粗平 | 5 |
| 3 | 一般性检验 | 是否全面完整 | 5 |
| 4 | 照准部水准管检校 | 检验与校正方法、过程、记录是否正确 | 15 |
| | (1)照准部水准管检验 | 是否需要校正，判断是否正确 | |
| | (2)照准部水准管校正 | 校正结果如何 | |
| 5 | 十字丝竖丝检校 | 检验与校正方法、过程、记录是否正确 | 15 |
| | (1)十字丝竖丝的检验 | 是否需要校正，判断是否正确 | |
| | (2)十字丝竖丝的校正 | 校正结果如何 | |
| 6 | 视准轴与横轴的检校 | 场地选择是否合适，检验与校正方法、过程、记录计算是否正确 | 20 |
| | (1)视准轴与横轴的检验 | 是否需要校正，判断正确 | |
| | (2)视准轴与横轴的校正 | 校正结果如何 | |
| 7 | 横轴与竖轴的检验与校正 | 场地选择是否合适，检验与校正方法、过程、记录计算是否正确 | 10 |
| | (1)横轴与竖轴的检验 | 是否需要校正，判断正确与否 | |
| | (2)横轴与竖轴的校正 | 校正结果如何 | |
| 8 | 竖盘指标差的检验与校正 | 检验与校正方法、过程、记录计算是否正确 | 10 |
| | (1)竖盘指标差的检验 | 是否需要校正，判断正确 | |
| | (2)竖盘指标差的校正 | 校正结果如何 | |
| 9 | 结论及综合印象 | 结论是否正确；动作规范、熟练，文明作业 | 10 |
| 合计 | | | 100 |

4. 测试报告

**表 6-2　$DJ_6$ 型光学经纬仪的检验与校正技能测试报告**

考评日期：＿＿＿＿＿＿　姓名：＿＿＿＿＿　成绩：＿＿＿＿＿　考评员：＿＿＿＿＿

<table>
<tr><td>测试题目</td><td colspan="3">$DJ_6$光学经纬仪的检验与校正</td></tr>
<tr><td>主要仪器及工具</td><td colspan="3"></td></tr>
<tr><td>天气</td><td></td><td>仪器号码</td><td></td></tr>
</table>

**表 6-3　竖直角测量及竖盘指标差检验手簿**

<table>
<tr><td colspan="7">1. 一般性检验结果是：三脚架（　　　　），水平制动与微动螺旋（　　　　），望远镜制动与微动螺旋（　　　　），照准部转动（　　　　），望远镜转动（　　　　），望远镜成像（　　　　），脚螺旋（　　　　），其他螺旋（　　　　）。</td></tr>
<tr><td rowspan="2">2. 水准管轴的检验</td><td colspan="2">水准管平行一对脚螺旋时气泡位置图</td><td colspan="2">照准部旋转 180 度后气泡的位置图</td><td>照准部旋转 180 度后气泡应有的正确位置图</td><td>是否需要校正</td></tr>
<tr><td colspan="2"></td><td colspan="2"></td><td></td><td></td></tr>
<tr><td rowspan="2">3. 十字丝纵丝的检验</td><td colspan="2">检验开始时望远镜视场图</td><td colspan="2">检验终了时望远镜视场图</td><td>正确的望远镜视场图</td><td>是否需要校正</td></tr>
<tr><td colspan="2"></td><td colspan="2"></td><td></td><td></td></tr>
<tr><td rowspan="5">4. 视准轴的检验</td><td rowspan="5">盘左盘右读数法</td><td>仪器安置点</td><td>目标</td><td>盘位</td><td>水平度盘读数</td><td>平均读数</td></tr>
<tr><td rowspan="2">$A$</td><td rowspan="2">$G$</td><td>左</td><td rowspan="2"></td><td rowspan="2"></td></tr>
<tr><td>右</td></tr>
<tr><td rowspan="2">检验</td><td colspan="3">计算 2c＝左－（右±180°）</td><td></td></tr>
<tr><td colspan="3">是否需要校正</td><td></td></tr>
<tr><td rowspan="5">5. 横轴的检验</td><td colspan="2">仪器安置点</td><td>目标</td><td>盘位</td><td>竖直度盘读数</td><td>平均读数</td></tr>
<tr><td colspan="2" rowspan="2">$A$<br>（竖直角大于 30 度）</td><td rowspan="2">$M$</td><td>左</td><td rowspan="2"></td><td rowspan="2"></td></tr>
<tr><td>右</td></tr>
<tr><td colspan="2" rowspan="2">检验</td><td colspan="3">计算 $i=\frac{\Delta\cot\alpha}{2S}\rho$ 式中：$\alpha=\frac{1}{2}(\alpha_{左}-\alpha_{右})$</td><td></td></tr>
<tr><td colspan="3">是否需要校正</td><td></td></tr>
</table>

续表

| 项目 | | 仪器安置点 | 目标 | 盘位 | 竖盘读数 | 竖直角 |
|---|---|---|---|---|---|---|
| 6. 竖盘指标差检验 | | *A* | *G* | 左 | | |
| | | | | 右 | | |
| | | 检验 | 计算指标差 | | | |
| | | | 是否需要校正 | | | |
| 7. 校正方法简述 | 水准管轴 | | | | | |
| | 十字丝纵丝 | | | | | |
| | 视准轴 | | | | | |
| | 横轴 | | | | | |
| | 指标差 | | | | | |
| 8. 结论 | | | | | | |

5. 测试成绩评定表

本表用于考评员给考生评定成绩，最后连同考生《测试报告》归档保存。

**表 6-4　测试成绩评定表**

考生姓名：＿＿＿＿＿　考评日期：＿＿＿＿＿　开始时间：＿＿＿＿＿　结束时间：＿＿＿＿＿

| 测试内容 | 配分 | 操作要求及评分标准 | 扣分 | 得分 | 监考教师评分依据记录 |
|---|---|---|---|---|---|
| 工作态度 | 10 | 仪器工具轻拿轻放，取放、搬动仪器动作规范，操作熟练、规范 | | | |
| 安置经纬仪 | 5 | 脚架架头大致水平，仪器粗平 | | | |
| 一般性检验 | 5 | 是否全面完整 | | | |
| 照准部水准管检校 | 15 | 检验与校正方法、过程、记录是否正确 | | | |
| (1)照准部水准管检验 | | 是否需要校正，判断是否正确 | | | |
| (2)照准部水准管校正 | | 校正结果如何 | | | |

续表

| 测试内容 | 配分 | 操作要求及评分标准 | 扣分 | 得分 | 监考教师评分依据记录 |
| --- | --- | --- | --- | --- | --- |
| 十字丝竖丝检校 | 15 | 检验与校正方法、过程、记录是否正确 | | | |
| (1)十字丝竖丝的检验 | | 是否需要校正，判断是否正确 | | | |
| (2)十字丝竖丝的校正 | | 校正结果如何 | | | |
| 视准轴与横轴的检校 | 20 | 场地选择是否合适，检验与校正方法、过程、记录计算是否正确 | | | |
| (1)视准轴与横轴的检验 | | 是否需要校正，判断正确 | | | |
| (2)视准轴与横轴的校正 | | 校正结果如何 | | | |
| 横轴与竖轴的检验与校正 | 10 | 场地选择是否合适，检验与校正方法、过程、记录计算是否正确 | | | |
| (1)横盘与竖轴的检验 | | 是否需要校正，判断正确 | | | |
| (2)横盘与竖轴的校正 | | 校正结果如何 | | | |
| 竖盘指标差的检验与校正 | 10 | 检验与校正方法、过程、记录计算是否正确 | | | |
| (1)竖轴指标差的检验 | | 是否需要校正，判断正确 | | | |
| (2)竖轴指标差的校正 | | 校正结果如何 | | | |
| 结论及综合印象 | 10 | 结论是否正确；动作规范、熟练、文明作业 | | | |
| 合　计 | | 标准分：100 | | | |
| 总扣分及说明 | | | | | |
| 最后得分 | | 考评员签字 | | 主考人签字 | |

## 6.10　思考题

1. 水平角观测采用盘左、盘右取平均值，是为了消除仪器的什么误差？能否消除仪器竖轴倾斜引起的误差？

2. 经纬仪有那几条主要轴线？各轴线间应满足怎样的几何关系？

3. 检验视准轴应垂直于仪器竖轴时，为什么要选择一个与仪器水平视线同高的目标点？而检验仪器横轴应垂直于竖轴时，目标为什么要选高一点？

4. 用盘左校正指标差时，盘左的正确读数如何计算？

5. 用盘右校正指标差时，盘右的正确读数如何计算？

6. 当边长较短时，更要注意仪器的对中误差和瞄准误差对吗？为什么？

# 实训七　视距测量

## 7.1　目的与要求

1. 掌握视距测量方法。

2. 能用计算器进行视距测量计算。

3. 要求测定测站点至测点间的平距和高差。

## 7.2　仪器准备

1. $DJ_6$ 光学经纬仪 1 台，水准尺 1 根，记录板 1 块，皮尺 1 把，测伞 1 把。自备 2H 铅笔与计算器(最好是可编程计算器)。

## 7.3　实训步骤

1. 熟悉视距测量的计算公式

平距　$D=Kl\cos^2\alpha=100\times(b-a)\times\cos^2\alpha$　(7-1)

高差　$h=D\times\tan\alpha+i-V$　(7-2)

测点高程：$H=H_{站}+h=H_{站}+i+D\times\tan\alpha-V=Hi+D\times\tan\alpha-V$

式中，$\alpha$——竖直角；$b$——下丝读数；$a$——上丝读数；$l$——视距间隔，$l=b-a$；$K$——视距乘常数，$K=100$；$V$——中丝读数；$i$——仪器高；$H_{站}$——测站点高程；$Hi$——仪器的水平视线高程。

当视线水平时，$\alpha=0$，视距测量公式简化为：

平距　$D=100\times(b-a)$

高差　$h=i-V$

测点高程　$H=Hi-V$

2. 视距测量(图 7-1)

在有高低起伏的地区选定测站点安置经纬仪，对中、整平后，用皮尺量取仪器高 $i$(测站点标志至经纬仪横轴的高度，量至厘米)，假定测站高程为 150 m，记录在表 7-1 中。视距测量一般以盘左位置进行观测。每人选择高、平、低三个测点进行视距测量。测量时，读取下丝读数 $b$、上丝读数 $a$、中丝读数 $V$(以米为单位，读至毫米)记录在表 7-1 中，然后旋转竖盘指标水准管微动螺旋，使竖盘指标水准管气泡居中，读取竖盘读数 $L$(读至分)并记录、计算。

计算时，若使用普通计算器计算，根据公式按表格顺序进行计算即可；若使用可编程计算器，则可事先将视距测量公式编程，计算时输入已知数据和观测数据，即可求得平距 $D$ 与测点的高程 $H$，非常简捷。可编程计算器的使用方法见附录一。

## 7.4 视距测量记录表

表 7-1

天气________成像________日期__________班组_________观测者_________记录者_________

| 测站编号 | 测站高程 | | | 仪器高 | | |
|---|---|---|---|---|---|---|
| 测点 | | | | | | |
| 下丝读数 | | | | | | |
| 上丝读数 | | | | | | |
| 视距＝$K$·(下－上) | | | | | | |
| 平距 $D$ | | | | | | |
| 竖盘读数 | | | | | | |
| 竖直角 | | | | | | |
| 视线高程 $Hi$ | | | | | | |
| 中丝读数 $V$ | | | | | | |
| $Hi-V$ | | | | | | |
| 初算高差 $h$ | | | | | | |
| 测点高程 | | | | | | |
| | | | | | | |

## 7.5 注意事项

1. 应对竖盘指标差进行检校，使其在$\pm 1'$内。
2. 视距尺竖立时要竖直，读取竖角时应使竖盘指标水准管气泡居中。
3. 计算时注意竖直角带有正、负号，输入时要带符号输入(按公式计算时)。

## 7.6 上交资料

实训完后交表 7-1。

## 7.7 考核

表 7-2 视距测量

| | 考核项目 | 评分标准 | 得分 |
|---|---|---|---|
| 技能考核 | 工作态度 | 实训态度认真、能独立完成仪器操作和测设数据计算(20 分) | |
| | 仪器操作 | 爱护仪器，操作熟练、规范，方法步骤正确、不缺项(20 分) | |
| | 读数、记录 | 读数、记录正确、规范(10 分) | |
| | 距离计算 | 正确(20 分) | |
| | 精度 | 精度符合要求(20 分) | |
| | 综合印象 | 动作规范、熟练，文明作业(10 分) | |
| | 总分 | 100 分 | |

## 7.8　举例说明视距测量的观测与计算

1. 观测

如图 7-1 所示，在 $A$ 点安置经纬仪，量取仪器高度（$i$=1.300 m）。转动照准部和望远镜瞄准 $B$ 点标尺，分别读取中丝、上丝、下丝读数（$v$=1.300 m、$b$=1.143 m、$a$=1.457 m）。调整竖盘读数指标水准管气泡居中，读取竖盘读数。设在盘左位置，$L=92°48'$，（按式 7-1 和 7-2）中的竖盘读数。

2. 计算

假定所用经纬仪竖直角公式为 $\alpha=90°-L+x$，竖盘指标差 $x=+1'$，则

尺间隔　$l=a-b=1.457-1.143=0.314$ m

竖直角　$\alpha=90°-L+x=90°-92°48'+1'=-2°47'$

水平距离　$D=Kl\cos^2\alpha=100\times0.314\times\cos^2(-2°47')=31.33$ m

高差　$h=D\tan\alpha+i-v=31.33\times\tan(-2°47')+1.300-1.300$

$=-1.52$ m

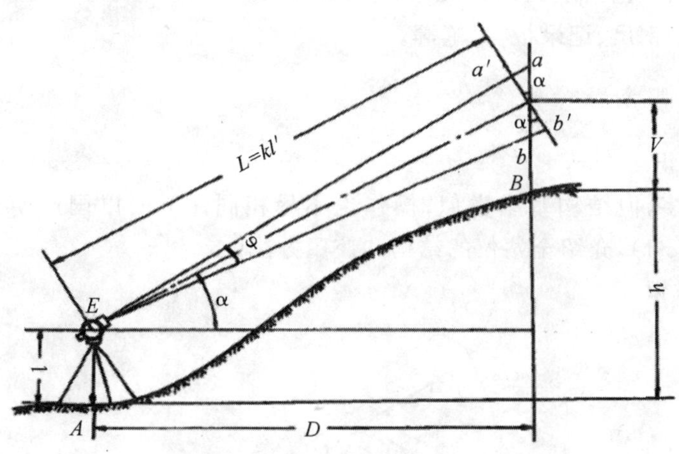


图 7-1　视距测量原理与方法

## 7.9　思考题

1. 视距测量其距离测量的精度与钢尺量距、皮尺量距相比如何？其高程测量的精度与水准测量的精度相比如何？

# 实训八　全站仪的认识与使用

## 8.1　目的与要求

1. 认识全站仪的构造，了解仪器各部件的名称和作用。
2. 熟悉仪器面板的主要功能。
3. 初步掌握全站仪的操作要领。
4. 掌握全站仪测量角度、距离的方法。

## 8.2　仪器及工具准备

1. 全站仪一台套（包括主机、脚架、对中杆、棱镜）。
2. 标杆两把、小钢尺、记录板、铅笔等。

## 8.3　实训步骤

1. 全站仪的认识

全站仪型号很多，但结构基本类似，操作也不尽相同。下面以国产南方全站仪 NTS-302R 型号为例（图 8-1），介绍全站仪的结构和使用方法。

（1）仪器构造认识

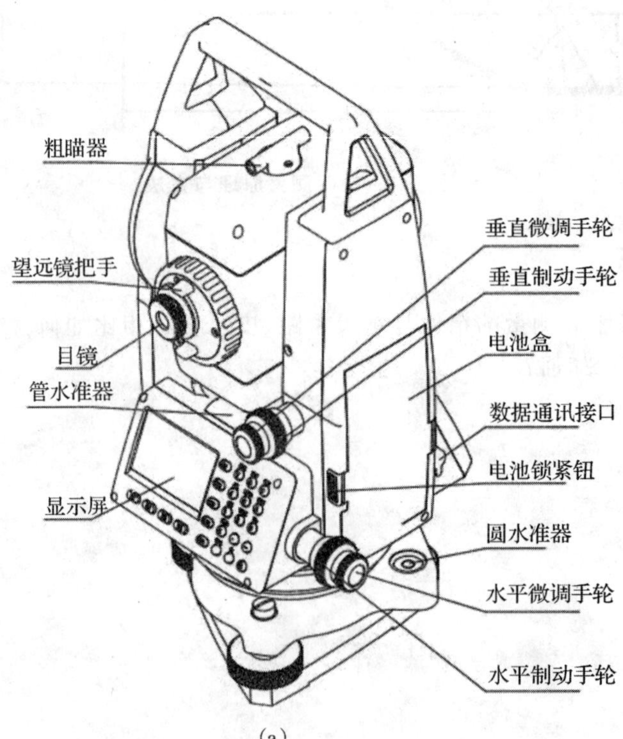


(a)

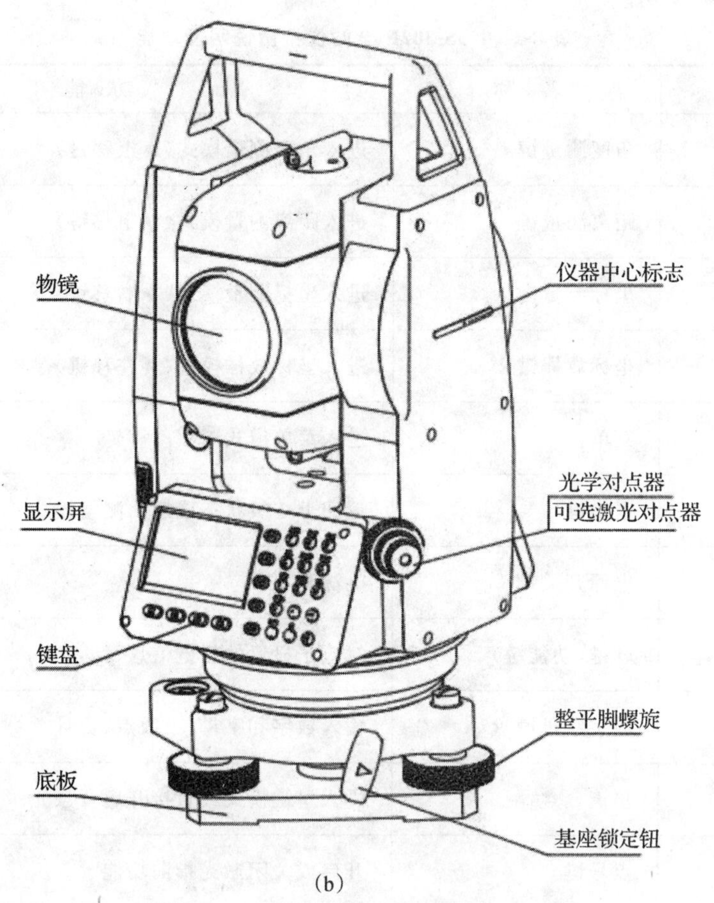


**图 8-1　NTS-302R 全站仪构造图**

图 8-2 为 NTS-302R 全站仪显示屏和键盘。

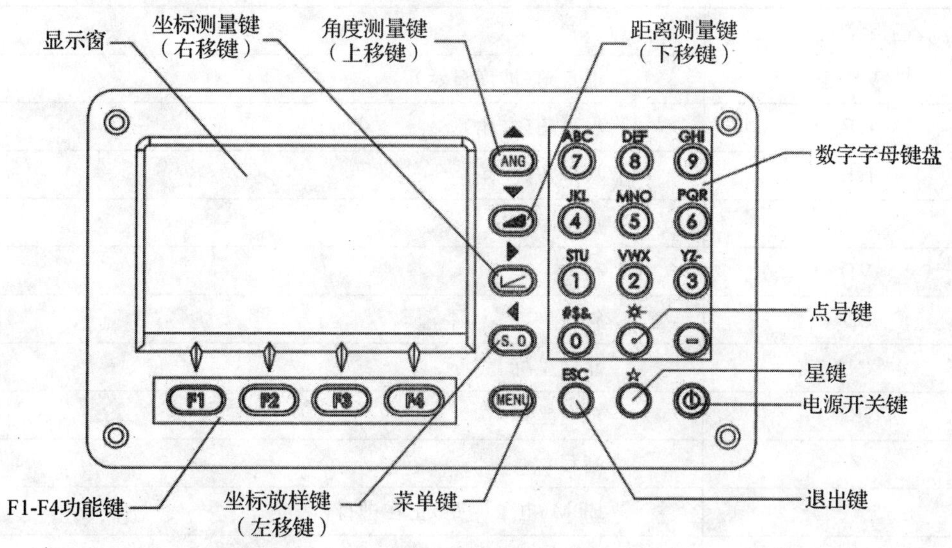


**图 8-2　NTS-302R 全站仪显示屏和键盘**

(2)按键说明及功能

**表 8-1　NTS-302R 全站仪按键说明及功能**

| 按键 | 名　称 | 功　能 |
| --- | --- | --- |
| ANG | 角度测量键 | 进入角度测量模式(▲上移键) |
| ◢ | 距离测量键 | 进入距离测量模式(▼下移键) |
| ⊾ | 坐标测量键 | 进入坐标测量模式(▶右移键) |
| S. O | 坐标放样键 | 进入坐标放样模式(◀左移键) |
| MENU | 菜单键 | 进入菜单模式 |
| ESC | 退出键 | 返回上一级状态或返回测量模式 |
| POWER | 电源开关键 | 电源开关 |
| F1-F4 | 软键(功能键) | 对应于显示的软键信息 |
| 0-9 | 数字字母键盘 | 输入数字和字母、小数点、负号 |
| ★ | 星键 | 进入星键模式或直接开启背景光 |
| . | 点号键 | 开启或关闭激光指向功能 |

(3)显示符号及含义

**表 8-2　NTS-302R 全站仪显示符号及含义**

| 显示符号 | 内　　容 |
| --- | --- |
| V% | 垂直角(坡度显示) |
| HR | 水平角(右角) |
| HL | 水平角(左角) |
| HD | 水平距离 |
| VD | 高差 |
| SD | 斜距 |
| N | 北向坐标 |
| E | 东向坐标 |
| Z | 高程 |
| * | EDM(电子测距)正在进行 |
| m | 以米为单位 |

续表

| 显示符号 | 内　　容 |
|---|---|
| PSM | 棱镜常数(以 mm 为单位) |
| PPM | 大气改正值 |
|  | NTS-300R 系列全站仪合作目标为棱镜 |
|  | NTS-300R 系列全站仪合作目标为反射板 |
|  | NTS-300R 系列全站仪无合作目标 |

(4)NTS-302R 全站仪的特点

NTS-302R 全站仪的精度为 2″级,角度最小显示为 1″/5″,测距精度为±(5 mm+2 ppm ×$D$),距离最小显示为 mm。仪器具备角度测量、距离测量、坐标测量、悬高测量、偏心测量、对边测量、距离放样、坐标放样、面积计算等功能。具有自动化数据采集程序和内存程序模块,可以自动记录测量数据,方便地进行内存管理。中文界面和菜单,操作直观、简单。大显示屏的字体清晰、美观。

2. 全站仪的使用

(1)观测前的准备工作

a. 电池装入与取出。进行观测之前,应将电池充足电。电池装入,把电池放入仪器盖板的电池槽中,用力推电池,使其卡入仪器中;电池取出,按住电池左右两边的按钮往外拔,取出电池。

b. 安置仪器。仪器的整平与对中,具体操作与光学经纬仪相同。

c. 打开电源准备观测。仪器经整平后,打开电源开关(POWER 键),出现垂直角过零时,仪器在盘左位置稍微摇摆下测距头。确认显示窗中有足够的电池电量,当显示"电池电量不足"(电池用完)时,应及时更换电池后对电池进行充电。

(2)角度测量

a. 在角度测量模下,瞄准起始目标 $A$,按 F1 使水平度盘读数置零,并按 F3[确认]键。竖盘显示 $A$ 点的竖直角。

b. 照准右侧目标 $B$,显示水平度盘读数即为所测的水平角度∠$AOB$。竖盘显示 $B$ 点的竖直角读数。

**表 8-3　角度观测操作流程**

| 操作过程 | 操作 | 显示 |
|---|---|---|
| ①照准第一个目标 $A$: | 照准 $A$ | V: 82° 09′ 30″<br>HR: 90° 09′ 30″<br>置零　锁定　置盘　P1↓ |

续表

| 操作过程 | 操作 | 显示 |
| --- | --- | --- |
| ②设置目标 A 的水平角为 0°00′00″<br>按 F1 (置零)键和 F3 (确认)键 | F1<br><br>F3 | 水平角置零<br>>OK?<br>确认 退出<br><br>V： 82° 09′ 30″<br>HR： 0° 00′ 00″<br>置零 锁定 置盘 P1↓ |
| ③照准第二个目标 B,显示目标 B 的 V/H, | 照准目标 B | V： 92° 09′ 30″<br>HR： 67° 09′ 30″<br>置零 锁定 置盘 P1↓ |

角度观测相关：

a. 水平角(右角/左角)切换，确认处于角度测量模式，按 F4 两次，按 F1(R/L)键。(右角：角度按照顺时针方向计算大小；左角：角度按照逆时针方向计算大小；)

b. 水平角的设置

水平角的设置有两种模式：通过锁定角度值进行设置或通过键盘输入进行设置。确认处于角度测量模式。

通过锁定角度值进行设置：用水平微动螺旋转到所需的水平角，按 F2(锁定)键；瞄准目标，按 F3(确认)键完成水平角设置，显示窗变为正常的角度测量模式；

**表 8-4　水平角锁定操作流程**

| 操作过程 | 操作 | 显示 |
| --- | --- | --- |
| ①用水平微动螺旋转到所需的水平角； | 显示角度 | V： 122° 09′ 30″<br>HR： 90° 09′ 30″<br>置零 锁定 置盘 P1↓ |
| ②按 F2 (锁定)键； | F2 | 水平角锁定<br>HR： 90° 09′ 30″<br>>设置 ?<br>确认 退出 |
| ③照准目标； | 照准 | |
| ④按 F3 (确认)键完成水平角设置<br>显示窗变为正常的角度测量模式 | F3 | V： 122° 09′ 30″<br>HR： 90° 09′ 30″<br>置零 锁定 置盘 P1↓ |
| 若要返回上一个模式，可按 F4 (退出)键。 | | |

通过键盘输入进行设置：照准目标，按 F3(置盘)键，通过键盘输入所要求的水平角。

表 8-5　水平角设置操作流程

| 操作过程 | 操作 | 显示 |
| --- | --- | --- |
| ①照准目标 | 照准 | V： 122° 09′ 30″<br>HR： 90° 09′ 30″<br>置零 锁定 置盘 P1↓ |
| ②按 F3 (置盘)键 | F3 | 水平角设置<br>HR=_<br>回退 回车 |
| ③通过键盘输入所要求的水平角 * 1)，<br>如：150°10′20″<br>随后即可从所要求的水平角进行正常的测量。 | 150.1020<br>F4 | V： 122° 09′ 30″<br>HR： 150° 10′ 20″<br>置零 锁定 置盘 P1↓ |

(3)距离测量

a. 大气改正、温度和棱镜常数的设置。

在进行距离测量前通常需要确认大气改正的设置和棱镜常数的设置，再进行距离测量。具体操作：

表 8-6　仪器常数的设置操作流程

| 步骤 | 操作 | 操作过程 | 显示 |
| --- | --- | --- | --- |
| 第1步 | ◢ | 进入距离测量模式 | HR： 170° 30′ 20″<br>HD： 235.343 m<br>VD： 36.551 m<br>测量 模式 S/A P1↓ |
| 第2步 | 按 F3 键 | 进入设置。<br>由距离测量或坐标测量模式预先测得测站周围的温度和气压 | 气象改正设置<br>PSM： -30<br>PPM： 0.0<br>棱镜 PPM 温度 气压 |
| 第3步 | 按 F3 键 | 按 F3 (温度)键执行温度设置 | 温度设置<br>温度： 20.0 °C<br>输入 回车 |
| 第4步 | 按 F1 键，输入温度 * 1) | 按 F1 (输入)键输入温度，按 F4 (回车)键确认。 | 温度设置<br>温度： 25.0 °C<br>输入 回车 |

b. 选择全站仪测距时的合作模式。

NTS-302R 全站仪测距时有三种合作模式可选，(a)棱镜，此模式测距对准棱镜。(b)反射板，此模式测距时对准反射板。(c)无合作，此模式测距时只需对准被测物体。模式选择可通过“星键模式”设置。按下星键后出现如下界面：

图 8-3 星键模式

通过按 F1(模式)键，有三种测量模式可选：按 F1 选择合作目标是棱镜，按 F2 选择合作目标是反射片，按 F3 选择无合作目标。选择一种模式后按 ESC 键即回到上一界面。

c. 距离测量模式选择。仪器的距离测量有三种模式：连续精测，单次精测，连续跟踪。模式的选择操作方法：在距离观测模式下，按 F2(模式)键，再按 F1～F3 选择不同的距离测量模式。

(4)镜高和仪高输入，在坐标观测模式下，可选择镜高和仪高输入。

(5)精确照准目标棱镜中心，确认处于测距模式下，按◢键(或 F1 键)即可测得斜距、水平距离和高差。几种距离可按上下键进行切换显示。

表 8-7 距离测量模式选择

| 操作过程 | 操作 | 显示 |
| --- | --- | --- |
| ①照准棱镜中心 | 照准 | V: 122° 09′ 30″<br>HR: 90° 09′ 30″<br>置零 锁定 置盘 P1↓ |
| ②◢<br>*1)； | ◢ | HR: 170° 30′ 20″<br>HD*[N]<br>VD:<br>测量 模式 S/A P1↓ |
| ③当连续测量不再需要时，可按 F2 (模式)键，再按 F1 (单次精测)键，转换为单次测量。 | F2<br>F1 | 测距模式设置<br>F1: 单次精测<br>F2: [ 连续精测 ]<br>F3: 连续跟踪 |
| | | HR: 170° 30′ 20″<br>HD: 566.346 m<br>VD: 89.678 m<br>测量 模式 S/A P1↓ |

## 8.4　实训记录表

表 8-8　观测数据记录表

仪器高：　　　　　　　　　　　　　　　　　　　　　　　　棱镜高：

| 测站 | 目标 | 水平角 | 竖直角 | 斜距 | 平距 | 高差 |
|---|---|---|---|---|---|---|
| A | B | | | | | |
| | C | | | | | |
| | D | | | | | |
| | E | | | | | |

注：水平角测量以 AB 为起始方向 0°00′00″。

## 8.5　全站仪使用注意事项

1. 实验开始前，教师应做好讲解和示范工作。
2. 装卸电池时，必须先关闭电源。
3. 不得将仪器物镜对准太阳，以防损坏仪器中的电子元件。
4. 仪器和反射棱镜应有专人负责，仪器安装至三脚架上或从三脚架上拆卸时，要一手先抓住仪器提手，以防仪器跌落。
5. 旋转仪器、旋钮及按键操作时，动作要轻，用力不宜过大、过猛。
6. 用望远镜瞄准反射棱镜时，应尽量避免在视场内存在其他反射面如交通信号灯、猫眼反射器、玻璃镜等。
7. 观测时，应尽量避免日光持续曝晒或靠近车辆热源，以免降低仪器效率。
8. 搬站时，即使距离很近，也要关闭电源，取下仪器装箱搬运，同时应注意防震。
9. 用电缆连接全站仪和电子手簿时，要小心、稳妥地操作，不可折断插头的插针。
10. NTS-302R 全站仪发射光是激光，使用时不能对准眼睛。

## 8.6　考核

1. 仪器操作是否规范？

操作不规范，存在以下几点：________________________________________________

________________________________________________________________________

2. 测量步骤是否正确？

测量步骤不正确包括以下方面：____________________________________________

________________________________________________________________________

## 8.7　思考题

1. 试比较经纬仪和全站仪分别应用于角度测量有什么异同点。
2. 试分析全站仪测距和钢尺量距的优缺点。
3. 根据实训仪器类型，了解仪器具备的其他功能。

# 实训九　导线外业测量

## 9.1　目的与要求

1. 实训目的

(1)初步掌握控制测量的意义和控制测量的方法。

(2)掌握导线的布设形式及其布设方法。

(3)掌握导线外业测量作业程序及作业方法。

2. 实训要求

(1)拟在某校园布设一条闭合或附合导线,并完成外业的观测、记录和计算。

(2)导线的等级依据实际情况自行拟定;对中误差≤±2 mm,水准管气泡偏差<1 格。

(3)导线的精度要求,参照《工程测量规范》进行。首级图根,角度闭合差 $f_\beta \leqslant \pm 40\sqrt{n}$,导线全长相对闭合差,对于钢尺量距导线,$K \leqslant 1/2000$;对于光电测距导线,$K \leqslant 1/4000$。

## 9.2　仪器准备

1. 经纬仪 1 台(或者全站仪 1 台套),测钎 2 支(或者三角联架),钢尺 1 把,记录板 1 块,木桩若干个,铁锤 1 个,小钉若干个。

2. 自备 2H 或 3H 铅笔 1 支。

## 9.3　实训步骤

导线测量的外业工作包括:选点、埋设标志桩、量边、测角以及导线的联测。

1. 选点及埋标

(1)相邻导线点间应通视良好,以便于测角。

(2)采用不同的工具(如钢尺或全站仪)量边时,导线边通过的地方应考虑到它们各自不同的要求。

(3)导线点应选在视野开阔的位置。

(4)导线各边长应大致相等,以减少测水平角时望远镜调焦而引起的误差。

(5)导线点应选在点位牢固、便于观测且不易被破坏的地方。

(6)导线点位置确定之后,应打下桩顶面边长为 4～5 cm、桩长 30～35 cm 的方木桩,顶面应打一小钉以标志导线点位,桩顶应高出地面 2 cm 左右;对于少数永久性的导线点,亦可埋设混凝土标石。

2. 量边

导线边长可以用全站仪、钢卷尺等工具来丈量。

用全站仪测边时,应往返观测取平均值。对于图根导线仅进行气象改正和倾斜改正;对于精度要求较高的一、二级导线,应进行仪器加常数和乘常数的改正。

用钢尺丈量导线边长时，需往返丈量，当两者较差不大于边长的 1/3000 时，取平均值作为边长采用值。所用钢尺应经过检定或与已检定过的钢卷尺比长。

3. 测角

导线的转折角可测量左角或右角，按照导线前进的方向，在导线左侧的角称为左角，导线右侧的角称为右角，一般规定闭合导线测内角，附合导线测左角。导线角一般用 $J_6$ 或 $J_2$ 级经纬仪用测回法测一个测回，或者用全站仪进行观测，其上、下半测回角值较差要求：$J_6$ 仪器不大于 30″，$J_2$ 级仪器不大于 20″。

4. 导线的定向与联测

为了计算导线点的坐标，必须知道导线各边的坐标方位角，因此应确定导线始边的方位角。若导线起始点附近有国家控制点，则应与控制点联测连接角，再来推算导线各边方位角。如果附近无高级控制点，则利用罗盘仪施测导线起始边的磁方位角，并假定起始点的坐标作为起算数据。

## 9.4　实训记录(表格)

表 9-1　导线测量外业记录表

| 仪器位置 | 竖盘位置 | 目标 | 度盘读数(° ′ ″) | 平角值(° ′ ″) | 平均角值(° ′ ″) | 边名(m) | 边长(m) | 备注(示意图) |
|---|---|---|---|---|---|---|---|---|
| | 左 | | | | | | | |
| | | | | | | | | |
| | 右 | | | | | | | |
| | | | | | | | | |
| | 左 | | | | | | | |
| | | | | | | | | |
| | 右 | | | | | | | |
| | | | | | | | | |
| | 左 | | | | | | | |
| | | | | | | | | |
| | 右 | | | | | | | |
| | | | | | | | | |
| | 左 | | | | | | | |
| | | | | | | | | |
| | 右 | | | | | | | |
| | | | | | | | | |
| | 左 | | | | | | | |
| | | | | | | | | |
| | 右 | | | | | | | |
| | | | | | | | | |

## 9.5 注意事项

1. 选点时要注意相邻导线点间应相互通视；导线点应选在视野开阔，容易观测和安置仪器的地方。

2. 测角时要注意严格对中、整平，瞄准目标时尽量瞄准标志的低端，或者采取三角联架观测，以减少测角误差。

3. 若采用钢尺量距，当边长大于钢尺尺段长时，要先定线再量距；量距时要两人用力将钢尺拉直、拉平、拉稳后，同时进行读数。

## 9.6 考核

闭合导线外业测量考核

1. 考核内容

(1)用测回法完成一个闭合导线(三角形)的转折角观测；

(2)用钢尺或皮尺完成闭合导线的边长测量；

(3)完成必要记录和计算；并求出三角形内角和闭合差；

(4)对中误差≤±2 mm，水准管气泡偏差<1 格。

2. 考核要求

(1)严格按测回法的观测程序作业；

(2)记录、计算完整、清洁、字体工整、无错误；

(3)上、下半测回角值之差≤±30″；

(4)三角形内角和闭合差≤±68″，边长两次丈量之差≤±1 cm。

3. 考核标准

(1)以时间 $T$ 为评分主要依据，如下表，评分标准分四个等级制定，具体分数由所在等级内插评分，表中 $M$ 代表分数。

| 考核项目 | 评分标准(以时间 $T$ 为评分主要依据) | | | |
|---|---|---|---|---|
| | $M \geqslant 85$ | $85 > M \geqslant 75$ | $75 > M \geqslant 60$ | $M < 60$ |
| 闭合导线的外业测量 | $T \leqslant 20'$ | $20' < T \leqslant 25'$ | $25' < T \leqslant 30'$ | $T > 30'$ |

(2)根据对中误差情况，扣 1～3 分。

(3)根据水准管气泡偏差情况，扣 1～2 分。

(4)根据卷面整洁情况，扣 1～5 分。(记录划去 1 处，扣 1 分，合计不超过 5 分。)

4. 考核说明

(1)考核过程中任何人不得提示，各人应独立完成仪器操作、记录、计算及校核工作；

(2)主考人有权随时检查是否符合操作规程及技术要求，但应相应折减所影响的时间；

(3)若有作弊行为，一经发现一律按零分处理，不得参加补考；

(4)考核前考生应准备好钢笔或圆珠笔、计算器；

(5)考核时间自架立仪器开始，至递交记录表并拆卸仪器放进仪器箱为终止；

(6)考核仪器经纬仪为 $DJ_6$、$DJ_2$ 型或全站仪；

(7)数据记录、计算及校核均填写在相应记录表中，记录表不能用橡皮擦修改，记录表以外的数据不作为考核结果；

(8)主考人应在考核结束前检查并填写经纬仪对中误差及水准管气泡偏差情况，在考核结束后填写考核所用时间并签名；

(9)考核记录表见“导线测量外业记录表”。

## 9.7　案例

1. 任务

为满足××校园 1∶500 比例尺地形图的测量，拟在该校园布设一级图根控制，以满足该校园 1∶500 的测量任务，工期××天。

2. 指标要求

光电测距导线的主要技术要求如表 9-2。

**表 9-2　光电测距导线的主要技术要求**

| 等级 | 测图比例尺 | 导线长度/m | 平均边长/m | 测距中误差/mm | 测角中误差/(″) | 导线全长对闭合差 | 测回数 | | 方位角闭差/(″) |
|---|---|---|---|---|---|---|---|---|---|
| | | | | | | | $DJ_2$ | $DJ_6$ | |
| 一级 | | 3600 | 300 | ≤±15 | ≤±5 | ≤1/14000 | 2 | 4 | $\leqslant\pm10\sqrt{n}$ |
| 二级 | | 2400 | 200 | ≤±15 | ≤±8 | ≤1/10000 | 1 | 3 | $\leqslant\pm16\sqrt{n}$ |
| 三级 | | 1500 | 120 | ≤±15 | ≤±12 | ≤1/6000 | 1 | 2 | $\leqslant\pm24\sqrt{n}$ |
| 图根 | 1∶500 | 900 | 80 | | | ≤1/4000 | | 1 | $\leqslant\pm60\sqrt{n}$ |
| | 1∶1000 | 1800 | 150 | | | | | | |
| | 1∶2000 | 3000 | 250 | | | | | | |

注：$n$ 为测站数。

3. 案例分析

(1)基本图根控制测量方法：在已有控制点的基础上，加密控制点，以满足图根控制测量对已知点密度和精度的要求。一般平面控制采用光电测距导线和 GPSPTK 确定图根点坐标，其密度和精度以满足测图需要为原则。

(2)光电测距图根导线的布设

图根导线的布设包括收集测区的控制点资料、野外踏勘与布点及标志建立、导线外业测量、成果整理与平差计算。

①收集资料：收集该校园有关资料，主要是该校园的平面图和已有的控制测量资料，如点之记、成果表及技术总结等，并对收集资料加以分析和研究，选取可靠的控制点作为图根控制依据。

②野外踏勘、布点及建立标志：按照实地情况，对校园进行必要的踏勘，然后依据选点的要求，选取图根点，并建立标志。图根标志一般采用刻“＋”字或埋设木桩。

③导线外业测量：外业观测包括仪器的选取和检验、制定观测计划、观测作业、数据检验等工作。外业观测结束后，应上交原始观测记录、观测数据、观测略图、数据检核结果。

④成果整理与平差计算：成果整理与平差计算包括外业数据质量检核、平差方案的制订、起算数据的分析和确定、平差计算处理、精度评定、数据处理成果整理。

## 9.8 思考题

1. 图根导线的作业流程？
2. 图根导线数据处理包括哪些？

# 实训十　四等水准测量

## 10.1　目的与要求

1. 掌握四等水准测量的观测、记录、计算的方法。

2. 每组完成一个闭合水准路线，每位同学完成两个测站的观测并计算出高差闭合差。

## 10.2　仪器及工具准备

$DS_3$ 水准仪一台，双面水准尺 1 对，尺垫 2 个，记录板 1 个。

## 10.3　实训步骤

1. 拟定施测路线图（图 10-1），在教师的指导下，选一已知水准点作为高程起始点，记为 BM，选择一定长度（约 500 m），一定高差的路线作为施测水准路线。一般设 6～8 站，1 人观测，1 人记录，2 人立尺，施测 1～2 站后应轮换工种。

2. 在起点与第一个立尺点之间设站，按以下顺序观测：

后视黑面尺——精平，读取上、下丝读数；读取中丝读数；前视黑面尺——精平，读取上、下丝读数；读取中丝读数；

前视红面尺——精平，读取中丝读数；后视红面尺——精平，读取中丝读数；这种观测顺序简称“后—前—前—后”。

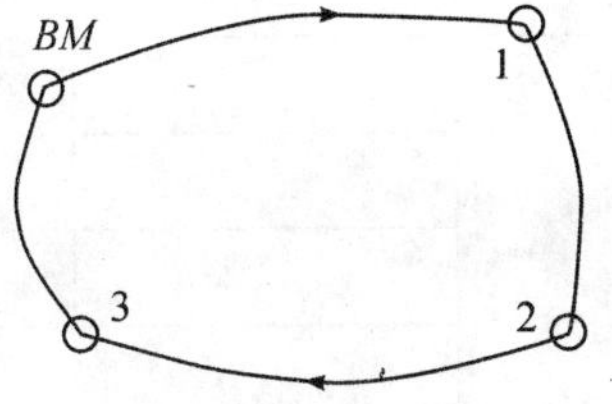

图 10-1　闭合水准路线

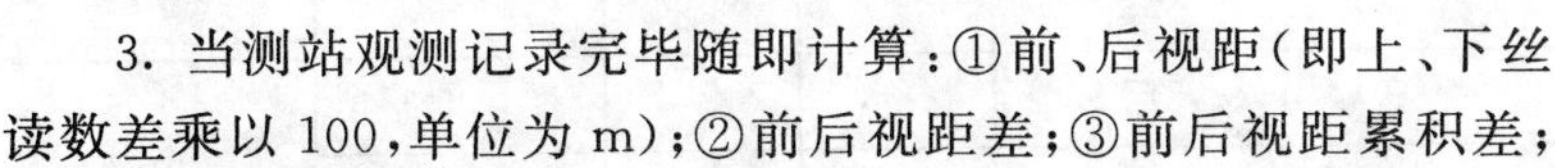

3. 当测站观测记录完毕随即计算：①前、后视距（即上、下丝读数差乘以 100，单位为 m）；②前后视距差；③前后视距累积差；④基、辅分划读数差（即同一水准尺的黑面读数＋常数 $k$－红面读数）；⑤基、辅分划所测高差之差；⑥高差中数。检查各项限差是否符合要求。

4. 依次设站同法施测其他各站。

5. 全路线施测完毕后计算与技术要求。

(1)四等水准测量计算的技术要求

①后（前）视距＝后（前）视尺（下丝－上丝）×100

式中：下（上）丝读数以米为单位，后（前）视距长度应≤100 m。

②后、前视距差＝后视距－前视距，应≤3 m

③视距累积差＝前站累积差＋本站视距差，应≤10 m

④前（后）视黑，红面读数差＝黑面读数＋标尺常数－红面读数，应≤3 mm

⑤黑（红）面高差＝后视黑（红）读数－前视黑（红）读数

黑、红面高差之差＝黑面高差－[红面高差±0.1 m]，应≤5 mm

⑥高差中数＝{黑面高差＋[红面高差±0.1 m]}/2

⑦高差闭合差≤$\pm 20\sqrt{L}$ mm，$L$ 以千米为单位。

(2)四等水准测量计算:①路线总长(即各站前、后视距之和);②各站前、后视距差之和(应与最后一站累积视距差相等);③各站后视读数和各站前视读数和,各站高差中数之和(应为上两项之差的 1/2);④路线闭合差(应符合限差要求);⑤各站高差改正数及各待定点的高程。

## 10.4 实验记录表

表 10－1 四等水准测量记录表

日期:________ 观测者:________ 记录者:________
天气:________ 仪器型号:________ 呈象:________

| 立尺点 | 后尺 下丝<br>上丝 | 前尺 下丝<br>上丝 | 方向及尺号 | 标尺读数 | | $K$＋黑－红 | 高差中数 |
|---|---|---|---|---|---|---|---|
| | 后距 | 前距 | | 黑面 | 红面 | | |
| | 视距差 $d$ | $\sum d$ | | | | | |
| | | | 后 | | | | |
| | | | 前 | | | | |
| | | | 后－前 | | | | |
| | | | | | | | |
| | | | 后 | | | | |
| | | | 前 | | | | |
| | | | 后－前 | | | | |
| | | | | | | | |
| | | | 后 | | | | |
| | | | 前 | | | | |
| | | | 后－前 | | | | |
| | | | | | | | |
| | | | 后 | | | | |
| | | | 前 | | | | |
| | | | 后－前 | | | | |
| | | | | | | | |
| | | | 后 | | | | |
| | | | 前 | | | | |
| | | | 后－前 | | | | |
| | | | | | | | |

续表

<table>
<tr><td rowspan="4">立尺点</td><td rowspan="2">后尺</td><td>下丝</td><td rowspan="2">前尺</td><td>下丝</td><td rowspan="4">方向及尺号</td><td colspan="2" rowspan="2">标尺读数</td><td rowspan="4">K＋黑－红</td><td rowspan="4">高差中数</td></tr>
<tr><td>上丝</td><td>上丝</td></tr>
<tr><td colspan="2">后　距</td><td colspan="2">前　距</td><td rowspan="2">黑　面</td><td rowspan="2">红　面</td></tr>
<tr><td colspan="2">视距差 $d$</td><td colspan="2">$\sum d$</td></tr>
<tr><td rowspan="4"></td><td colspan="2"></td><td colspan="2"></td><td>后</td><td></td><td></td><td></td><td rowspan="4"></td></tr>
<tr><td colspan="2"></td><td colspan="2"></td><td>前</td><td></td><td></td><td></td></tr>
<tr><td colspan="2"></td><td colspan="2"></td><td>后－前</td><td></td><td></td><td></td></tr>
<tr><td colspan="2"></td><td colspan="2"></td><td></td><td></td><td></td><td></td></tr>
<tr><td rowspan="4"></td><td colspan="2"></td><td colspan="2"></td><td>后</td><td></td><td></td><td></td><td rowspan="4"></td></tr>
<tr><td colspan="2"></td><td colspan="2"></td><td>前</td><td></td><td></td><td></td></tr>
<tr><td colspan="2"></td><td colspan="2"></td><td>后－前</td><td></td><td></td><td></td></tr>
<tr><td colspan="2"></td><td colspan="2"></td><td></td><td></td><td></td><td></td></tr>
</table>

## 10.5　注意事项

1. 一般注意事项与普通水准测量相同。

2. 施测中每一站均需现场进行测站计算和校核，确认测站各项指标均合格后才能迁站。水准路线测量完成后，应计算水准路线高差闭合差，高差闭合差小于允许值方可收测，否则，应查明原因，返工重测。

3. 实训中严禁专门化作业。小组成员的工种应进行轮换，保证每人每个工种都能参与。

4. 测站数一般应设置为偶数；为确保前、后视距离大致相等，可采用步测法；同时在施测过程中，应注意调整前后视距，以保证前后视距累积差不超限。

## 10.6　实训成果

实训结束后，每人提交“四等水准测量”报告，应包括原始记录数据与数据处理成果。

## 10.7　考核

1. 仪器操作是否规范？

操作不规范，存在以下几点：________________________________________

____________________________________________________________

2. 测量步骤是否正确？

测量步骤不正确包括以下方面：______________________________________

____________________________________________________________

## 10.8 案例

| 立尺点 | 后尺 下丝 / 上丝 / 后距 / 视距差 $d$ | 前尺 下丝 / 上丝 / 前距 / $\sum d$ | 方向及尺号 | 标尺读数 黑面 | 标尺读数 红面 | $K$+黑−红 | 高差中数 |
|---|---|---|---|---|---|---|---|
| | (1) | (5) | 后 | (3) | (4) | (13) | (18) |
| | (2) | (6) | 前 | (7) | (8) | (14) | |
| | (9) | (10) | 后−前 | (15) | (16) | (17) | |
| | (11) | (12) | | | | | |
| $\frac{BM}{1}$ | 1.219 | 1.974 | 后 4687 | 1.049 | 5.737 | +1 | −0.7585 |
| | 0.873 | 1.639 | 前 4787 | 1.808 | 6.593 | +2 | |
| | 34.6 | 33.5 | 后−前 | −0.759 | −0858 | −1 | |
| | +1.1 | +1.1 | | | | | |
| $\frac{1}{2}$ | 1.206 | 1.682 | 后 4787 | 0.882 | 5.670 | −1 | −0.6550 |
| | 0.698 | 1.363 | 前 4687 | 1.538 | 6.224 | +1 | |
| | 32.8 | 31.9 | 后−前 | −0.656 | −0.554 | −2 | |
| | +0.9 | +2.0 | | | | | |
| $\frac{2}{3}$ | 2.470 | 0.740 | 后 4687 | 2.235 | 6.921 | +1 | +1.7220 |
| | 2.000 | 0.280 | 前 4787 | 0.512 | 5.300 | −1 | |
| | 47.0 | 46.0 | 后−前 | 1.723 | 1.1.621 | +2 | |
| | +1.0 | +3.0 | | | | | |
| $\frac{3}{BM}$ | 1.351 | 1.674 | 后 4787 | 1.069 | 5.854 | +2 | −0.3080 |
| | 0.781 | 1.079 | 前 4687 | 1.376 | 6.063 | 0 | |
| | 57.0 | 59.5 | 后−前 | −0.307 | −0.209 | +2 | |
| | | | | | | | |

## 10.9 思考题

四等水准测量各项限差有哪些？

# 实训十一　全站仪坐标观测

## 11.1　目的与要求

1. 进一步熟悉全站仪的使用。
2. 掌握全站仪坐标测量方法。

## 11.2　仪器及工具准备

1. 全站仪一台套(包括主机、脚架、对中杆、棱镜)。
2. 小钢尺、记录板、铅笔等。

## 11.3　实训步骤

1. 坐标测量前准备

(说明:包括①仪器已正确地安置在测点上;②电池已充足电;③度盘指标已设置好;④仪器参数已按观测条件设置好;⑤气象改正数、棱镜类型、棱镜常数改正数和测距模式已准确设置;⑥已准确照准棱镜中心,返回信号强度适宜测量;⑦测站数据已输入。)

2. 安置仪器

仪器的整平与对中,开机。

进行坐标测量,要先设置测站坐标,仪器高,棱镜高及后视方位角,如图11-1。

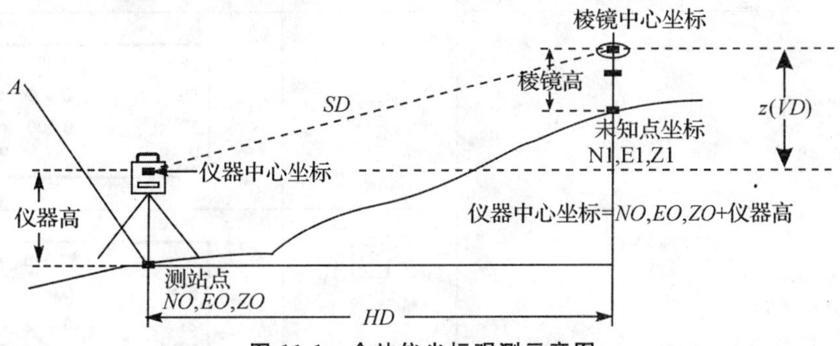


图 11-1　全站仪坐标观测示意图

3. 后视方位角的设置。在角度测量模式下,瞄准已知点 A,选择 F3(置盘),输入已知方向的方位角。

表 11-1　后视方位角的设置操作流程

| 操作过程 | 操作 | 显示 |
|---|---|---|
| ①照准目标 | 照准 | V : 122° 09′ 30″<br>HR: 90° 09′ 30″<br>置零　锁定　置盘　P1↓ |

续表

| 操作过程 | 操作 | 显示 |
|---|---|---|
| ②按[F3](置盘)键 | [F3] | 水平角设置<br>HR=_<br>回退 回车 |
| ③通过键盘输入所要求的水平角 * 1),<br>如:150°10′ 20°<br>随后即可从所要求的水平角进行正常的测量。 | 150.1020<br>[F4] | V : 122° 09′ 30″<br>HR: 150° 10′ 20″<br>置零 锁定 置盘 P1↓ |

4. 测站坐标,测站高,棱镜高的设置。在坐标测量模式下,按 F4(P1↓)键,转到第二页功能;选择 F3(测站)进行测站坐标的设置:*N* 表示点位 *X* 坐标,*E* 表示点位 *Y* 坐标,*Z* 表示点位 *H* 坐标,分别输入并回车。

**表 11-2 测站坐标的设置操作流程**

| 操作过程 | 操作 | 显示 |
|---|---|---|
| ①在坐标测量式下,按[F1](P1↓)键,转到第二页功能 | [F4] | N: 286.245 m<br>E: 76.233 m<br>Z: 14.568 m<br>测量 模式 S/A P1↓<br>镜高 仪高 测站 P2↓ |
| ②按[F3](测站)键 | [F3] | N-> 0.000 m<br>E: 0.000 m<br>Z: 0.000 m<br>输入 回车 |
| ③输入 N 坐标 * 1) | [F1]<br>输入数据<br>[F4] | N: 36.976 m<br>E-> 0.000 m<br>Z: 0.000 m<br>输入 回车 |
| ④按同样方法输入 E 和 Z 坐标,输入数据后,显示屏返回坐标测量显示 | | N: 36.976 m<br>E: 298.578 m<br>Z: 45.330 m<br>测量 模式 S/A P1↓ |

选择 F2(仪高)进行仪器高的设置:选择 F2 输入并回车。

表 11-3　仪器高的设置操作流程

| 操作过程 | 操作 | 显示 |
| --- | --- | --- |
| ①在坐标测量模式下，按 F1 (P1↓)键，转到第2页功能 | F4 | N: 286.245 m<br>E: 76.233 m<br>Z: 14.568 m<br>测量 模式 S/A P1↓<br>镜高 仪高 测站 P2↓ |
| ②按 F1 (镜高)键，显示当前值 | F1 | 输入仪器高度<br>仪高: 0.000 m<br>输入 回车 |
| ③输入棱镜高＊1 | F1<br>输入棱镜高<br>F4 | N: 286.245 m<br>E: 76.233 m<br>Z: 14.568 m<br>测量 模式 S/A P1↓ |

选择 F1(镜高)进行棱镜高的设置：选择 F1 输入并回车。

表 11-4　棱镜高的设置操作流程

| 操作过程 | 操作 | 显示 |
| --- | --- | --- |
| ①在坐标测量模式下，按 F4 (P1↓)键，进入第2页功能 | F4 | N: 286.245 m<br>E: 76.233 m<br>Z: 14.568 m<br>测量 模式 S/A P1↓<br>镜高 仪高 测站 P2↓ |
| ②按 F1 (镜高)键，显示当前值 | F1 | 输入棱镜高度<br>镜高: 0.000 m<br>输入 回车 |
| ③输入棱镜高＊1) | F1 输入棱镜高 F4 | N: 286.245 m<br>E: 76.233 m<br>Z: 14.568 m<br>测量 模式 S/A P1↓ |

5. 通过前面的设置后，瞄准目标棱镜中心，选择 F1(测量)，可测定未知点的坐标。其中 $N$ 表示点位 $X$ 坐标，$E$ 表示点位 $Y$ 坐标，$Z$ 表示点位 $H$ 坐标。

## 11.4 实训记录表

测站点号：________ $X=$________，$Y=$________，$H=$________

方向点点号：________ 方向点方位角：________

仪器高：________(m) 棱镜高：________(m)

**表 11-5 坐标观测记录表**

| 目标 | 坐标 $X(N)$ | 坐标 $Y(E)$ | 坐标 $H(Z)$ | 备注 |
|---|---|---|---|---|
| 1 | | | | |
| 2 | | | | |
| 3 | | | | |
| 4 | | | | |
| 5 | | | | |

## 11.5 注意事项

与前面“全站仪的认识与使用”一节同。

## 11.6 考核

1. 仪器操作是否规范？

操作不规范，存在以下几点：________

________

2. 测量步骤是否正确？

测量步骤不正确包括以下方面：________

________

## 11.7 案例

案例分析：

测站点号：i12 $X=$ 519.737，$Y=$ 491.465，$H=$ 31.026

方向点点号：i01 $X=$ 486.530，$Y=$ 523.334，$H=$ 35.248

方向点方位角：$136°10'40''$

仪器高：1.58(m) 棱镜高：1.60(m)

**表 11-6 坐标观测记录表**

| 目标 | 坐标 $X(N)$ | 坐标 $Y(E)$ | 坐标 $H(Z)$ | 备注 |
|---|---|---|---|---|
| 1 | 503.338 | 500.614 | 31.057 | |
| 2 | 502.89 | 502.563 | 31.062 | |
| 3 | 500.941 | 502.114 | 31.070 | |
| 4 | 501.389 | 500.165 | 31.059 | |
| 5 | | | | |

## 11.8　思考题

1. 试分析全站仪坐标观测原理?
2. 使用全站仪进行坐标观测中,如果镜高需要变动,应如何处理?

# 实训十二 全站仪测图

## 12.1 目的与要求

1. 熟练全站仪的操作使用。
2. 掌握全站仪数据采集方法。

## 12.2 仪器及工具准备

1. 全站仪一台套(包括主机、脚架、对中杆、棱镜)。
2. 小钢尺、记录板、铅笔等。

## 12.3 实训步骤

数据采集菜单的操作流程图如图 12-1。

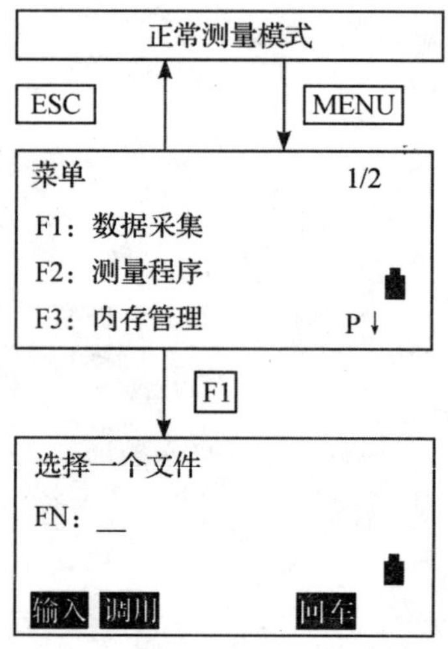


图 12-1 数据采集菜单操作流程图

选择文件:选择 F1(输入)就是新建一个工程文件;选择 F2(调用)就是调用旧文件(未完成工程的文件)。

接下来见图 12-2:

选择 F3(测量)进行数据采集,并把数据存储于机器内存。NTS-302R 可将测量数据存储在内存中,内存划分为测量数据文件和坐标数据文件。

被采集的测量数据存储在测量数据文件中。并且可以选择同时保存测量原始数据和坐标数据。

测点数目(在内存为空的情况下)仅保存原始测量数据。

其操作步骤:

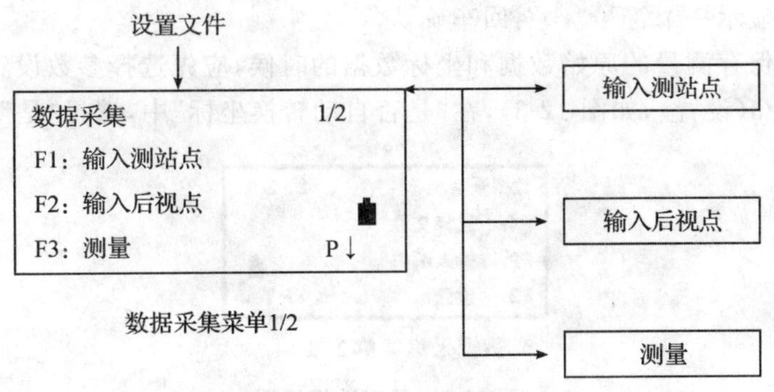


图 12-2　仪器设置操作流程图

1. 仪器对中整平，开机后选择数据采集文件，使其所采集数据存储在该文件中。

表 12-1　数据采集菜单设置流程

| 操作过程 | 操作 | 显示 |
| --- | --- | --- |
| ①按 MENU 键 | MENU | 菜单　1/2<br>F1：数据采集<br>F2：测量程序<br>F3：内存管理　P↓ |
| ②由主菜单 1/2 按 F1（数据采集）键 | F1 | 选择一个文件<br>FN：<br>输入　调用　回车 |
| ③按 F2（调用）键，显示文件目录＊1) | F2 | 文件调用<br>->*LIFDATA　/M0234<br>DIEDATA　/M0355<br>查阅　回车 |
| ④按[▲]或[▼]键使文件表向上下滚动，选定一个文件＊2)，3) | [▲]或[▼] | 文件调用<br>DIEDATA　/M0355<br>->KLSDATA　/M0038<br>查阅　回车 |
| ⑤按 F4（回车）键，文件即被确认显示数据采集菜单 1/2 | F4 | 数据采集　1/2<br>F1：输入测站点<br>F2：输入后视点<br>F3：测量　P↓ |

如果您要创建一个新文件，并直接输入文件名，可按 F1（输入）键，然后键入文件名。

如果选择旧文件，按 F2（调用）键，然后按上下键，选择需要的文件，菜单被选定时，则在该文件名的左边显示一个符号“＊”，回车确认。

当需要同时保存测量的原始数据和坐标数据的时候，应先选择参数设置(“数据采集”菜单第二页，选择 F3(设置)，如图 12-3)，在“是否自动转换坐标”中，选择“是”。

数据采集菜单 2/2

**图 12-3 保存数据设置**

2. 选择坐标数据文件。可进行测站坐标数据及后视点坐标数据的调用。

若需调用坐标数据文件中的坐标作为测站点或后视点坐标，则预先应由“数据采集”菜单第二页，选择测站点或后视点所在的坐标文件。(当无需调用已知点坐标数据时，可省略此步骤)

3. 设置测站点。包括仪器高和测站点号及坐标输入。

设置测站点的坐标，可利用内存中的坐标数据来设置(表 12-2 操作第二步中选择 F2(调用))，也可以直接输入测站坐标(表 12-2 操作第二步中选择 F3(坐标))。

**表 12-2 测站设置操作流程**

| 操作过程 | 操作 | 显示 |
| --- | --- | --- |
| ①由数据采集菜单 1/2，按 [F1](输入测站点)键，即显示原有数据。 | [F1] | 点名 -><br>编码：<br>仪高： 0.000 m<br>输入 查找 测站 记录 |
| ②按 [F3](测站)键 | [F3] | 测站点<br>点名：<br>输入 调用 坐标 回车 |
| ③按 [F1](输入)键 | [F1] | 测站点<br>点名：_<br>回退 空格 回车 |
| ④输入点名，按 [F4] 键＊1) | 输入点名<br>[F4] | 点名 ->PT-11<br>编码：<br>仪高： 0.000 m<br>输入 查找 测站 记录 |

续表

| 操作过程 | 操作 | 显示 |
|---|---|---|
| ⑤输入编码，仪高＊2） | 输入编码<br>输入仪高 | 点名：　PT-11<br>编码-><br>仪高：　1.235 m<br>输入　查找　测站　记录 |
| ⑥按F4（记录）键 | F4 | 点名：　PT-11<br>编码-><br>仪高：　1.235 m<br>输入　查找　测站　记录 |
| ⑦按F4（是）键，显示屏返回数据采集菜单1/2 | F4 | 数据采集　1/2<br>F1：输入测站点<br>F2：输入后视点<br>F3：测量　P↓ |

4. 设置后视方位角。可利用内存中的坐标数据来设定（图12-3操作第二步中选择F2（调用））；或者通过瞄准后视点后直接输入后视点坐标或方位角来设定。（图12-3操作第五步中分别选择F3（坐标）和F1（角度））。

**表12-3　后视方位角设置操作流程**

| 操作过程 | 操作 | 显示 |
|---|---|---|
| ①由数据采集菜单1/2<br>按F2（后视），即显示原有数据 | F2 | 点名-><br>编码：<br>镜高：　0.000 m<br>输入　置零　后视　测量 |
| ②按F3（后视）键＊1） | F3 | 后视点<br>点名：<br>输入　调用　坐标　回车 |
| ③按F1（输入）键 | F1 | 后视点<br>点名：–<br>回退　空格　回车 |
| ④输入点名，按F4（回车）键＊2）<br>按同样方法，输入点编码，反射镜高＊3） | 输入PT－22<br>F4 | 点名->PT-22<br>编码：<br>镜高：　0.000 m<br>输入　置零　后视　测量 |

续表

| 操作过程 | 操作 | 显示 |
| --- | --- | --- |
| ⑤按[F4](测量)键 | [F4] | 点名 ->PT-22<br>编码:<br>镜高: 0.000 m<br>角度 斜距 坐标 |
| ⑥照准后视点<br>选择一种测量模式并按相应的软键<br>例:[F2](斜距)键<br>进行斜距测量,根据定向角计算结果设置水平度盘读数,测量结果被寄存,显示屏返回到数据采集菜单 1/2 | 照准<br>[F2] | V: 90° 00′ 00″<br>HR: 0° 00′ 00″<br>SD* m<br>测量<br><br>数据采集 1/2<br>F1: 输入测站点<br>F2: 输入后视点<br>F3: 测量 P↓ |

5. 设置待测点的点名,编码和棱镜高,进行待测点的测量,并存储数据。

**表 12-4 待测点点名设置操作流程**

| 操作过程 | 操作 | 显示 |
| --- | --- | --- |
| ①由数据采集菜单 1/2<br>按[F3](测量)键,进入待测点测量。 | [F3] | 数据采集 1/2<br>F1: 测站点输入<br>F2: 输入后视<br>F3: 测量 P↓<br><br>点名 -><br>编码:<br>镜高: 0.000 m<br>输入 查找 测量 同前 |
| ②按 F1(输入)键,输入点名后 * 1)按[F4]确认 | [F1]<br>输入点名<br>[F4] | 点名 ->_<br>编码 :<br>镜高 : 0.000 m<br>回退 空格 数字 回车<br><br>点名 : PT-01<br>编码 -><br>镜高 : 0.000 m<br>输入 查找 测量 同前 |

续表

| 操作过程 | 操作 | 显示 |
| --- | --- | --- |
| ③按同样方法输入编码,棱镜高＊2) | F1<br>输入编码<br>F4<br>F1<br>输入镜高<br>F4 | 点名: PT-01<br>编码 -> SOUTH<br>镜高: 1.200 m<br>输入 查找 测量 同前 |
| ④按F3(测量)键 | F3 | 点名: PT-01<br>编码 -> SOUTH<br>镜高: 1.200 m<br>角度 斜距 坐标 偏心 |
| ⑤照准目标点 | 照准 | |
| ⑥按F1到F3中的一个键<br>例:F4(记录)键,数据被存储,<br>显示屏变换到下一个镜点＊3) | F2 | V: 90° 00′ 00″<br>HR: 0° 00′ 00″<br>SD* [n] 0.133m<br>记录<br>< 已记录!> |
| ⑦输入下一个键点数据并照准该点 | | 点名 -> PT-02<br>编码: SOUTH<br>镜高: 1.200 m<br>输入 查找 测量 同前 |

点编码可以通过输入字母数字来输入。点位数据记录时,机器自动在上一个点位编号后面加一并存储,不需要重复输入。

若测量模式为单次测量,则测量数据自动存入内存中,不需要按记录键。

在运行数据采集模式期间,您可直接输入编码。所谓编码就是测量的点位与另一个点位间的关系,输入编码可便于后期制图。

在运行数据采集模式时,您可以通过 F2(查找)键查阅记录数据。

表 12-5　数据查找操作流程

| 操作过程 | 操作 | 显示 |
| --- | --- | --- |
| ①运行数据采集模式期间按[F2](查找)键＊1)<br>此时在显示屏的右上方会显示出工作文件名 | [F2] | 点名 ->PT-03<br>编码:<br>镜高: 1.200 m<br>输入 查找 测量 同前 |
| ②在三种查找模式中选择一种按[F1]到[F3]中的一个键＊2) | [F1]—[F3] | FN: SOUTH<br>F1: 第一个数据<br>F2: 最后一个数据<br>F3: 按点名查找 |

测量时，还应画好测量点位草图，以便后期作图使用。

## 12.4　实训记录表

表 12-6　坐标观测数据记录表

测站点号：________方向点点号：________仪器高：________(m)

| 目标 | 坐标 X(N) | 坐标 Y(E) | 坐标 H(Z) | 备注 |
| --- | --- | --- | --- | --- |
| 1 | | | | |
| 2 | | | | |
| 3 | | | | |
| 4 | | | | |
| 5 | | | | |

注：本实训数据主要存储在全站仪机器内存中，本表格可以不用，或作为数据记录备用。

## 12.5　注意事项

与前面“全站仪的认识与使用”一节同。

## 12.6　考核

1. 仪器操作是否规范？

操作不规范，存在以下几点：________________________________

________________________________________________

2. 测量步骤是否正确？

测量步骤不正确包括以下方面：________________________________

________________________________________________

## 12.7　思考题

1. 试比较使用全站仪坐标观测快捷键进行的坐标观测和数据采集,说出两者区别。
2. 全站仪数据如何传输到电脑中?

# 实训十三　点位的平面位置测设

## 13.1　目的与要求

1. 熟练全站仪的操作使用。
2. 学会利用全站仪进行点位的平面位置测设的方法。
3. 掌握用极坐标法测设点位的平面位置的方法。

## 13.2　仪器及工具准备

1. 全站仪一台套(包括主机、脚架、对中杆、棱镜)。
2. 小钢尺、记录板、计算器、铅笔等。

## 13.3　实训步骤

本实验采用两种方法进行点位的平面位置测设:第一种使用全站仪的内置程序进行放样,第二种用极坐标法进行放样。

1. 第一种:使用全站仪的内置程序进行放样的实验步骤。

(1)安置仪器。仪器的整平与对中,开机。

(2)进入坐标放样模式,并进行测站点和仪器高的设置。

表 13-1　坐标放样操作选择

| 操作过程 | 操作 | 显示 |
|---|---|---|
| ①按[S.0] | [S.0] | 坐标放样　1/2<br>F1:输入测站点<br>F2:输入后视点<br>F3:输入放样点　P↓ |

设置测站点的方法有两种:利用内存中的坐标设置(下图操作中第二步选择 F2(调用)或直接键入坐标数据(下图操作中第二步选择 F3(坐标))。

表 13-2　测站坐标输入操作流程

| 操作过程 | 操作 | 显示 |
|---|---|---|
| ①由坐标放样菜单 1/2 按[F1](输入测站点)键,即显示原有数据 | [F1] | 测站点<br>点名:<br>输入　调用　坐标　回车 |

续表

| 操作过程 | 操作 | 显示 |
|---|---|---|
| ②按 F1 (输入)键 | F1 | 测站点<br>点名：_<br>回退　空格　回车 |
| ③输入点名，按 F4 (回车)键＊1) | 输入点名<br>F4 | 输入仪器高度<br>仪高：　0.000　m<br>输入　回车 |
| ④按同样方法输入仪器高，显示屏返回到放样单 1/2 | F1<br>输入仪高<br>F4 | 坐标放样　1/2<br>F1：输入测站点<br>F2：输入后视点<br>F3：输入放样点　P↓ |

(3)设置后视点。瞄准后视点目标后，进行后视点设置。

后视点设置方法：利用内存中的坐标数据文件设置后视点；或直接键入坐标数据；或直接键入设置角。

**表 13-3　后视方向设置操作流程**

| 操作过程 | 操作 | 显示 |
|---|---|---|
| ①由坐标放样菜单 1/2 按 F2 (输入后视点)键，即显示原有数据 | F2 | 后视点<br>点名：<br>输入　调用　坐标　回车 |
| ②按 F3 (坐标)键 | F3 | N->　m<br>E：　m<br>输入　角度　回车 |
| ③按 F1 (输入)键，输入坐标值按 F4 (回车)键＊1) | F1<br>输入坐标<br>F4 | 照准后视点<br>HB =　120°30′20″<br>>照准?<br>[否]　[是] |
| ④照准后视点 | 照准后视点 | |
| ⑤按 F4 (是)键，显示屏返回到放样菜单 1/2 | 照样后视点<br>F4 | 坐标放样　1/2<br>F1：输入测站点<br>F2：输入后视点<br>F3：输入放样点　P↓ |

上面的操作是直接输入后视点坐标。

如果第一步操作中选择 F2(调用),那么可以利用内存中的坐标数据输入后视点坐标,然后完成后视点设置。

如果第三步操作中选择 F3(角度),那么可以直接输入后视点的方位角。

(4)点位放样。放样点的数据可以通过点号调用内存中的坐标值(下图第二步操作中选择 F2(调用)),也可以直接键入坐标值(下图第二步操作中选择 F3(坐标))。

表 13-4 点位放样操作流程

| 操作过程 | 操作 | 显示 |
|---|---|---|
| ①由坐标放样菜单 1/2 按 F3(输入放样点)键 | F3 | 坐标放样 1/2<br>F1:输入测站点<br>F2:输入后视点<br>F3:输入放样点 P↓<br><br>放样点<br>点名:<br>输入 调用 坐标 回车 |
| ②F1(输入)键,输入点号 * 1),按 F4(回车)键 * 2) | F1<br>输入点号<br>F4 | 输入棱镜高度<br>镜高: 0.000 m<br>输入 回车 |
| ③按同样方法输入反射镜高,当放样点设定后,仪器就进行放样元素的计算<br>HR:放样点的水平角计算值<br>HD:仪器到放样点的水平距离计算值 | F1<br>输入镜高<br>F4 | 放样参数计算<br>HR: 122° 09′ 30″<br>HD: 245.777 m<br>继续 |
| ④照准棱镜,按 F4 继续键 HR:实际测量的水平角<br>dHR:对准放样点仪器应转动的水平角=实际水平角-计算的水平角<br>当 dHR=0°00′00″时,即表明放样方向正确 | 照准 | 角度差调为零<br>HR: 2° 09′ 30″<br>dHR: 22° 39′ 30″<br>距离 坐标 换点 |
| ⑤按 F2(距离)键<br>HD:实测的水平距离<br>dHD:对准放样点尚差的水平距离<br>dz=实测高差-计算高差 | F1 | HD*[1]<br>dHD:<br>dZ:<br>模式 角度 坐标 换点<br><br>HD* 245.777 m<br>dHD: -3.223 m<br>dZ: -0.067m<br>模式 角度 坐标 换点 |

续表

| 操作过程 | 操作 | 显示 |
| --- | --- | --- |
| ⑥按[F1](模式)键进行精测 | [F1] | 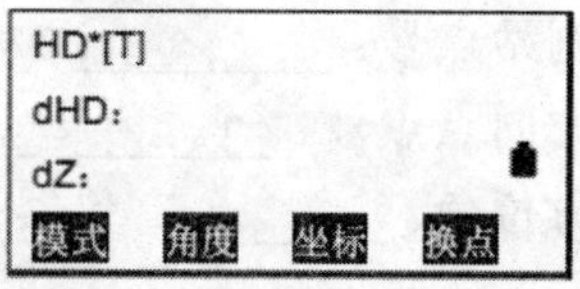  HD*[T]<br>dHD:<br>dZ:<br>模式 角度 坐标 换点<br><br>HD* 244.789 m<br>dHD: - 3.213 m<br>dZ: - 0.047m<br>模式 角度 坐标 换点 |

2. 第二种：用极坐标法进行放样的实验步骤，这种方法要计算放样数据。

(1)计算测设元素

如图 13.1 所示，设 $A(X_A, Y_A)$、$B(X_B, Y_B)$ 为两个已知点，$P(X_P, Y_P)$、$Q(X_Q, Y_Q)$ 为待测设点。用极坐标法测设 $P$、$Q$ 点的测设要素，按以下公式计算：

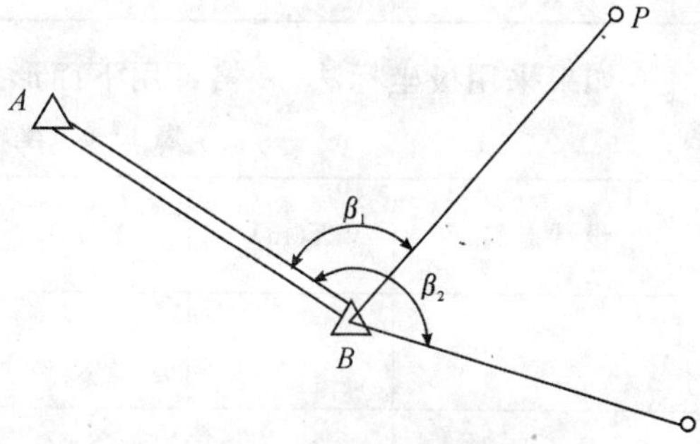

1) $S_{BP} = \sqrt{(X_P - X_B)^2 + (Y_P - Y_B)^2}$

2) $\beta_1 = \alpha_{BP} - \alpha_{BA}$

3) $\alpha_{BP} = \arctan \dfrac{Y_P - Y_B}{X_P - X_B}$

4) $\alpha_{BA} = \arctan \dfrac{Y_A - Y_B}{X_A - X_B}$

5) $S_{BQ} = \sqrt{(X_Q - X_B)^2 + (Y_Q - Y_B)^2}$

6) $\beta_2 = \alpha_{PQ} - \alpha_{BA}$，$\alpha_{BQ} = \arctan \dfrac{Y_Q - Y_B}{X_Q - X_B}$

7) $S_{PQ} = \sqrt{(X_q - X_p)^2 + (Y_q - Y_p)^2}$



图 13.1　极坐标放样示意图

(2)测设：

①在测站点 $B$ 上面安置仪器，对中，整平，开机。

②瞄准起始目标 $A$，水平度盘置零。

③顺时针旋转仪器，使水平读盘读数为 $\beta_1$，并在视线方向上放置棱镜，测距，前后移动棱镜，使所测距离与计算结果 $S_{BP}$ 相同，并在地面上做标记即可。

依法可进行 $Q$ 点的放样。

在上面的放样过程中还可以直接利用计算的方位角进行，方法是：

第二步操作中：瞄准起始目标 $A$，水平度盘进行置盘，使水平度盘度数为 $\alpha_{BA}$。

第三步操作相应为：顺时针旋转仪器，使水平读盘读数为 $\alpha_{BP}$，并在视线方向上放置棱镜，测距，前后移动棱镜，使所测距离与计算结果 $S_{BP}$ 相同，并在地面上做标记即可。

## 13.4 实训记录表

表 13-5 坐标放样数据记录表

测站点号:________ $X=$________ ,$Y=$________ ,$H=$________

方向点点号:________ $X=$________ ,$Y=$________ ,$H=$________

方位角:________ 仪器高:________(m) 棱镜高:________(m)

| 设计点名 | $X$(m) | $Y$(m) | $H$(m) | 备注 |
|---|---|---|---|---|
| 1 | | | | |
| 2 | | | | |
| 3 | | | | |
| 4 | | | | |
| 5 | | | | |

如果采用极坐标法,表格可用下面形式:

表 13-6 坐标放样数据记录计算表

| 设计点名 | $X$(m) | $Y$(m) | $H$(m) | 方位角(° ′ ″) | 夹角(° ′ ″) | 距离(m) |
|---|---|---|---|---|---|---|
| | | | | | | |
| | | | | | | |
| | | | | | | |
| | | | | | | |

注:放样数据可根据场所进行设置

## 13.5 注意事项

与前面“全站仪的认识与使用”一节同。

## 13.6 考核

1. 仪器操作是否规范?

操作不规范,存在以下几点:________________________________________

________________________________________

2. 测量步骤是否正确?

测量步骤不正确包括以下方面:________________________________________

________________________________________

## 13.7　案例分析

表 13-7　坐标放样数据记录表

测站点号：i16　$X=$ 517.094，$Y=$ 501.499，$H=$ 20.453

方向点点号：i01　$X=$ 486.534，$Y=$ 523.321，$H=$ 26.418

方位角：144°28′14″　仪器高：1.542(m)棱镜高：1.500(m)

| 设计点名 | $X$(m) | $Y$(m) | $H$(m) | 备注 |
|---|---|---|---|---|
| 1 | 504.901 | 493.819 | 22.000 | |
| 2 | 504.452 | 495.768 | 22.000 | |
| 3 | 502.503 | 495.32 | 22.000 | |
| 4 | 502.951 | 493.37 | 22.000 | |
| 5 | | | | |

如果采用极坐标法，放样数据计算：

表 13-8　极坐标放样数据记录计算表

| 设计点名 | $X$(m) | $Y$(m) | $H$(m) | 方位角(° ′ ″) | 夹角(° ′ ″) | 距离(m) |
|---|---|---|---|---|---|---|
| 1 | 504.901 | 493.819 | 22.000 | 212 12 20 | 67 44 06 | 14.410 |
| 2 | 504.452 | 495.768 | 22.000 | 204 23 10 | 59 54 56 | 13.880 |
| 3 | 502.503 | 495.32 | 22.000 | 202 57 06 | 58 28 52 | 15.845 |
| 4 | 502.951 | 493.37 | 22.000 | 209 53 21 | 65 25 07 | 16.313 |

## 13.8　思考题

1. 试分析全站仪坐标程序放样和极坐标放样的操作异同点。

2. 在电脑上如何编写设计放样数据文件？并如何传输到全站仪内存用于放样？

3. 应用极坐标法放样时，首先应将________控制点，瞄准 $B$ 点，按逆时针方向测设 $\beta$ 角，定出________。

4. 在此次测设中，放样数据的计算：

(1)$AB$ 边的坐标方位角 $\alpha_{AB}$ 和 $AP$ 边的坐标方位角 $\alpha_{AP}$ 按______计算。

(2)计算 $AP$ 与 $AB$ 之间的夹角____________。

(3)计算 $A$、$P$ 两点间的水平距离____________。

5. 建筑场地上控制点 $A$、$B$，欲在待建房近旁的电杆 $P$ 点测设出，作为施工过程中检测之用。试绘图说明测设方法。

# 实训十四　高程与坡度的测设

## 14.1　目的与要求

1. 能测设已知点的高程。
2. 会测设设计坡度线。
3. 以实习小组为单位进行，每小组为 4～6 人。

## 14.2　仪器准备

1. $DS_3$ 水准仪一台，水准尺两把，木桩六个，皮尺一把，锤一把。
2. 自备 2H 或 3H 铅笔一支。

## 14.3　实训步骤

1. 测设已知高程 $H_{设}$

(1)在现场选定两点 $A$，假设其高程为 $H_A=100.000$ m

(2)需要放样点 $P_1$ 的设计高程 $H_{P1}=101.111$ m，$P_2$ 的设计高程 $H_{P2}=99.111$ mm。

(3)计算点 $P_1$ 和 $P_2$ 的放样数据。

(4)测设点 $P_1$ 和 $P_2$。

2. 测设某设计坡度线

(1)欲从 $A$ 到 $B$ 测设距离 $D$ 为 50 m，设计坡度为 $-1\%$ 的坡度线，规定每隔 10 m 打一木桩。从 $A$ 点开始，沿 $AB$ 方向量距打桩并依次编号。

(2)设起点为 $A$ 位于坡度线上，其高程为 $H_A$，根据设计的坡度和 $AB$ 两点间的水平距离 $D$ 计算出 $B$ 点高程：$H_B=H_A-0.01D$，并用测设已知高程点的方法将 $B$ 点的位置测设出来。

(3)安置水准仪于 $A$ 点，使一个脚螺旋位于 $AB$ 方向上，另两个脚螺旋的连线与 $AB$ 垂直，量取仪器高 $i$。

(4)用望远镜瞄准 $B$ 点上的水准尺，旋动位于 $AB$ 方向上的脚螺旋，使视线对准尺上读数 $i$ 处。

(5)不改变视线，依次立尺于各桩顶，轻轻打桩，待尺上读数恰好为 $i$ 时，桩顶即位于设计的坡度线上(也可以在桩上画线)。

当地面坡度大且地面起伏稍大时，不能将桩顶打在坡度线上，此时，可读取水准尺上的读数，然后计算出各中间点的填、挖高度：填、挖高度＝水准尺读数$-i$，计算结果“＋”表示填，“－”表示挖。

当地面坡度较大时，应使用经纬仪进行测设。

## 14.4　点位测设记录

测设数据的计算：

$b_1 = H_A + a_1 - H_{P1} =$ ________，$b_2 = H_A + a_2 - H_{P2} =$ ________，测设后经检查，点 1 与点 2 的高差 $H_{P2} - H_{P1} =$ ________。

与已知值相差________mm。

## 14.5　注意实项

1. 按所给的假定条件和数据，先计算出放样元素的前视标尺读数。
2. 根据计算出的放样元素进行测设。
3. 计算完毕和测设完毕后，都必须进行认真地校核。
4. 量距时，注意钢尺的刻画注记规律，搞清零点位置。
5. 高程测设误差不应大于±12 mm。

## 14.6　实训成果

1. 实训结束提交点位测设记录表和测设过程报告

## 14.7　考核

**测设已知高程和已知坡度**

| | 考核项目 | 评分标准 | 得分 |
|---|---|---|---|
| 技能考核 | 工作态度 | 实训态度认真、能独立完成仪器操作和测设数据计算(2 分) | |
| | 仪器操作 | 爱护仪器，操作熟练、规范，方法步骤正确、不缺项(2 分) | |
| | 读数、记录 | 读数、记录正确、规范(1 分) | |
| | 地面标志点位 | 清晰、规范(2 分) | |
| | 精度 | 精度符合要求(2 分) | |
| | 综合印象 | 动作规范、熟练，文明作业(1 分) | |
| | 总分 | 10 分 | |

## 14.8　实例

高程测设是根据已知水准点，在现场标定出某设计高程的位置。

如图 14-1 所示，设某建筑物室内地坪的设计高程为 $H_{B设} = 31.495$ m，附近一水准点 $A$ 的高程为 $H_A = 31.345$ m，现将室内地坪的设计高程测设在木桩 $A$ 上，则 $B$ 点上应读的前视读数为：

$$b_{应} = (H_A + a) - H_{B设} \qquad (14\text{-}1)$$

测设步骤如下：

(1)安置水准仪于水准点 $A$ 与木桩 $B$ 之间，尽量使前后视距离相等(必要时还得设置转点)，在水准点 $A$ 上读取后视读数 $a = 1.050$ m；

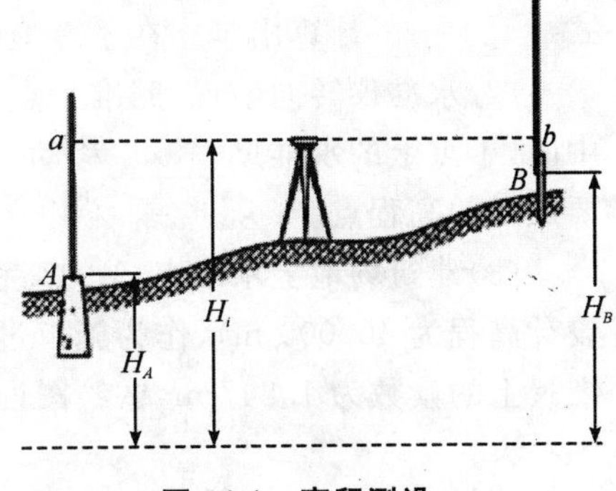


图 14-1　高程测设

(2)计算水准仪的视线高 $H_i$ 及在木桩 $B$ 点上的前视读数 $b_{应}$

$$H_i = H_A + a = 31.345\ \text{m} + 1.050\ \text{m} = 32.395\ \text{m}$$

$$b_{应} = H_i - H_{B设} = 32.395\ \text{m} - 31.495\ \text{m} = 0.900\ \text{m}$$

(3)将水准尺靠在木桩 $B$ 的一侧上下移动，当水准仪水平视线正好为 $b_{应} = 0.900$ m 时，在木桩侧面沿水准尺底边划一横线，即为室内地坪设计高程的位置。

(4)检核：测量测设点和已知点，或测设点之间的高差，以作检核。

当向较深的基坑或较高的建筑物上测设已知高程点时，如果水准尺的长度不够，可利用钢尺向下或向上引测。

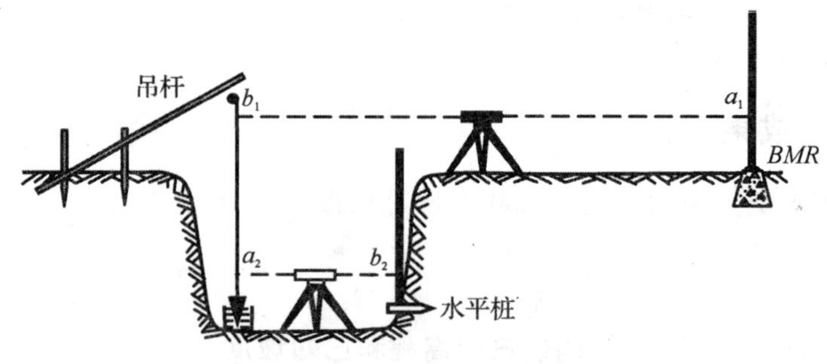


图 14-2 高程传递

如图 14-2 所示，欲在深基坑内设置一点 $B$，使其高程为 $H_{设}$，附近一水准点 $R$ 的高程为 $H_R$。施测时，用检定过的钢尺，挂一个与要求拉力相等的重锤，悬挂在支架上，零点一端向下，分别在高处和低处设站，读取图中所示水准尺读数 $a_1$、$b_1$ 和 $a_2$、$b_2$，由此，可求得低处 $B$ 点水准尺上的读数应为：

$$b_{应} = (H_R + a_1) - (b_1 - a_2) - H_{设} \tag{14-2}$$

用同样的方法，可从低处向高处测设已知高程的点。

## 14.9 思考题

1. 应用水准测量方法放样高程时，首先应将________控制点以必要的精度引测到施工区域，建立________水准点。

2. 在此次测设中，放样Ⅰ点的顺序是：

(1)先将水准仪安置在________与放样点Ⅰ之间，尽量使前后视距离相等，在已知点 $A$ 上竖立水准尺，水准仪______后，照准______水准尺，读取水准尺的中丝读数 $a_1$，并根据公式__________计算出竖立在Ⅰ点上的水准尺读数(中丝读数)$b_1$。

(2)水准仪转向前视，照准Ⅰ点上的水准尺，将水准尺贴靠在Ⅰ点的一侧。当______居中时，Ⅰ点上的水准尺______移动，当十字丝中丝读数为 $b_1$ 时，此时水准尺的底部就是所需要放样的高程点。

(3)建筑场地上水准点 $A$ 的高程为 89.754 m，欲在待建房近旁的电杆上测设出(±0 的设计高程为 40.000 m)，作为施工过程中检测各项标高之用。设水准仪在水准点 A 所立水准尺上的读数为 1.847 m，试绘图说明测设方法。

# 实训十五　土方量的测量与计算

## 15.1　目的与要求

1. 掌握用全站仪进行野外数据采集。
2. 熟悉利用 CASS 软件进行土方计算。
3. 以实验小组为单位进行，每小组为 4～6 人。

## 15.2　仪器准备

1. 全站仪一台，单棱镜一个，对中杆一根。
2. 自备 2H 或 3H 铅笔一支，记录板 1 块。

## 15.3　实训步骤

1. 用全站仪进行野外数据采集

(1)全站仪在已知控制点上进行安置、对中、整平。

(2)进行参数设置，包括：温度、气压和棱镜参数。

(3)建立工作文件名。

(4)进行测站设置，应先输入测站坐标、仪器高和目标高。

(5)精确瞄准后视，配置方位角(也可以输入后视点坐标)。

(6)采集碎部点。

2. 利用 CASS 软件进行土方计算(以 DTM 根据坐标计算土方为例)

由 DTM 模型来计算土方量是根据实地测定的地面点坐标(X，Y，Z)和设计高程，通过生成三角网来计算每一个三棱锥的填挖方量，最后累计得到指定范围内填方和挖方的土方量，并绘出填挖方分界线。

(1)用鼠标点取“绘图处理\展野外测点点号\选取坐标文件”。

(2)用复合线画出所要计算土方的区域，一定要闭合，但是尽量不要拟合。因为拟合过的曲线在进行土方计算时会用折线迭代，影响计算结果的精度。

(3)用鼠标点取“工程应用\DTM 法土方计算\根据坐标文件”。

(4)提示：选择边界线用鼠标点取所画的闭合复合线弹出如图 15-1 所示的土方计算参数设置对话框。

区域面积：该值为复合线围成的多边形的水平投影面积。

平场标高：指设计要达到的目标高程。

边界采样间隔：边界插值间隔的设定，默认值为 20 米。

边坡设置：选中“处理边坡”复选框后，则坡度设置功能变为可选，选中放坡的方式(向上或向下：指平场高程相对于实际地面高程的高低，平场高程高于地面高程则设置为向下放坡)。然后输入坡度值。

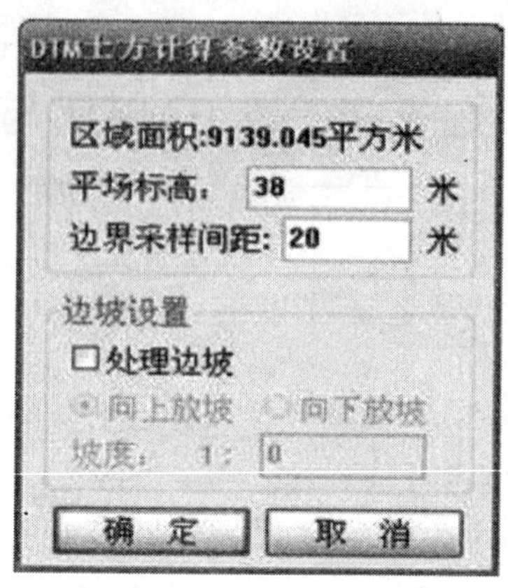


图 15-1 边坡设置

(5)设置好计算参数后屏幕上显示填挖方的提示框,命令行显示(如图 15-2):

挖方量＝××××立方米,填方量＝××××立方米

同时图上绘出所分析的三角网、填挖方的分界线(白色线条)。

图 15-2 显示填挖方

如图所示。计算三角网构成详见 dtmtf. log 文件。

(6) 关闭对话框后系统提示:

请指定表格左下角位置:〈直接回车不绘表格〉用鼠标在图上适当位置点击,CASS7.0 会在该处绘出一个表格,包含平场面积、最大高程、最小高程、平场标高、填方量、挖方量和图形。如图 15-3 所示。

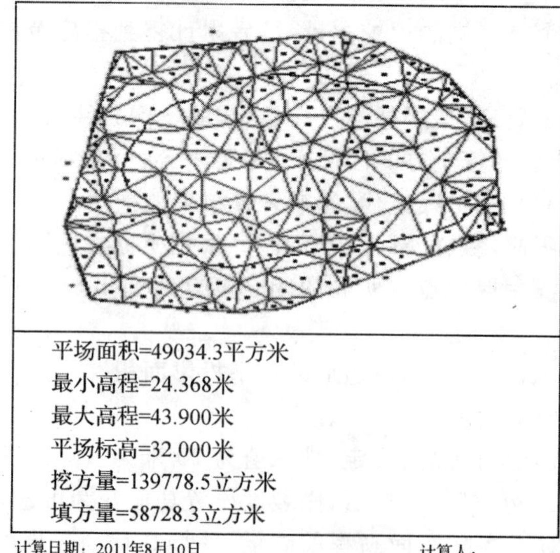


图 15-3

## 15.4　实训记录

区域面积：________________

平场标高：________________

挖方量：________________

填方量：________________

## 15.5　注意事项

1. 边界线必须用复合线绘制。
2. 边界线必须是闭合曲线。

## 15.6　考核

土方量的测量与计算

| | 考核项目 | 评分标准 | 得分 |
|---|---|---|---|
| 技能考核 | 工作态度 | 实训态度认真、能独立完成仪器操作和测设数据计算(30 分) | |
| | 仪器操作 | 爱护仪器、操作熟练、规范、方法步骤正确、不缺项(30 分) | |
| | 读数、记录 | 读数、记录正确、规范(10 分) | |
| | 土方计算 | 对 CASS 软件计算土方步骤熟练、计算数据正确(20 分) | |
| | 综合印象 | 动作规范、熟练、文明作业(10 分) | |
| | 总分 | 100 分 | |

## 15.7　思考题

1. 计算土方量的方法，有________，________和________等。
2. 计算土方量的步骤。
3. 如何确定填挖填挖界线和设计高程。

# 实训十六　圆曲线的测设

## 16.1　目的与要求

1. 熟悉圆曲线三主点元素的计算。
2. 初步掌握测设圆曲线主点和偏角法测设圆曲线的方法。
3. 以实习小组为单位进行，每小组为 4～6 人。

## 16.2　仪器准备

1. 经纬仪 1 台，钢尺 1 把，标杆 2 支，测钎 10 枝，木桩 3 个，铁锤 1 个。
2. 自备 2H 或 3H 铅笔一支，记录板 1 块。

## 16.3　实训步骤

设某道路工程，中线交点 JD 的里程桩为 $k35+613.33$，其偏角 $\alpha=60°00'$，圆曲线设计半径 $R=30$ m，$l_0=10$ m，其如图 16-1，请根据要求测设出圆曲线主点和各细部点：

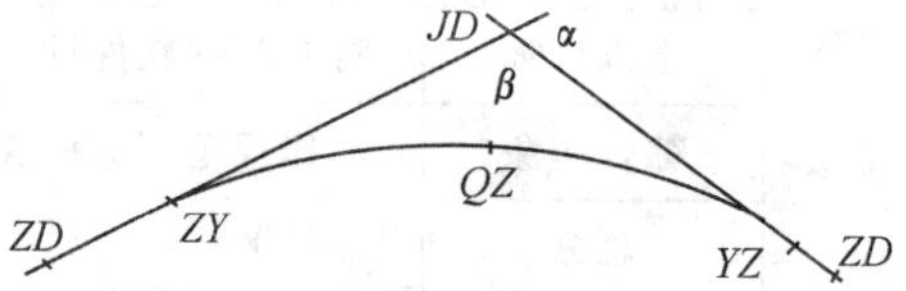

JD α β QZ ZD ZY YZ ZD

图 16-1　某道路工程

1. 主点元素的计算

切线长：$T=R\tan\dfrac{\alpha}{2}$

曲线长：$L=R\dfrac{\alpha}{p}=R\alpha\dfrac{\pi}{180°}$

外矢距：$E=R\sec\dfrac{\alpha}{2}-R=R(\sec\dfrac{\alpha}{2}-1)$

切曲差：$D=2T-L$

2. 主点的测设

(1)在场地上选取 $JD$ 点，设定 $ZY$(或 $YZ$)的方向。

(2)在 $JD$ 点安置经纬仪，完成对中整平。

(3)望远镜瞄准 $ZY$ 点方向，用钢尺丈量水平距离 $T$，标定 $ZY$ 点。

(4)按 $\alpha$ 角的关系定出 $YZ$ 方向，按(3)方法标定 $YZ$ 点。

(5)用望远镜对准转折角 $\beta=180°-\alpha$ 的角平分线方向，丈量水平距离 $E$，标定 $QZ$ 点。

3. 偏角法圆曲线的详细测设(如图 16-2)

(1)经纬仪安置于 $ZY$ 点，对中整平，后视 $JD$ 点，使水平度盘读数为 $0°00'00''$。

(2)转动照准部，使水平度盘读数为 $\theta_1$，自 $ZY$ 点起，在视线方向上丈量水平长度 $c_1$，定出 1 点，插下测钎。

(3)转动照准部，使水平度盘读数为 $\theta_1+\theta_0$，钢尺自 $ZY$ 点起沿视线丈量 $c_2$，定出 2 点，插下测钎。依次类推，测设其余各点。

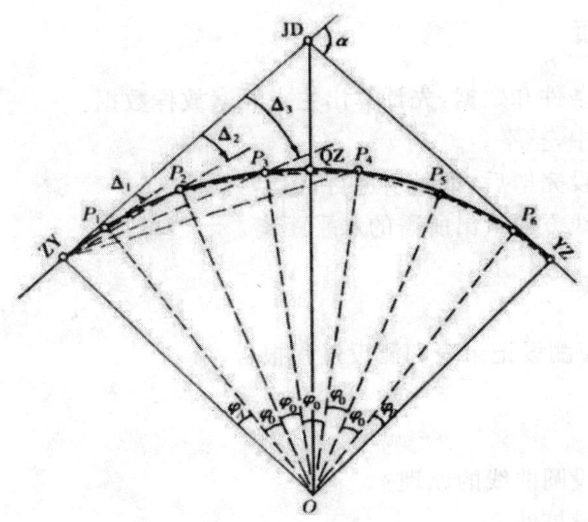


图 16-2　偏角法圆曲线的测设

(4)测设终点 $YZ$,检查闭合差。以偏角 $\theta_{YZ}=\alpha/2$,弦长 $C_{YZ}$ 测设 $YZ$ 点,其闭合差限差为:半径方向±0.1 m,切线方向$\pm L/1000$。

## 16.4　点位测设记录

**圆曲线测设参数计算。**

| | | |
|---|---|---|
| 已知参数 | 转　　数:$\alpha=60°00'$<br>交点里程:$JD_{里程}=K35+613.33$ m | 设计半径:$R=30$ m<br>整桩间距:$l_0=10$ m |
| 特征参数 | 切线长:$T=$<br>外矢距:$E=$ | 弧长:$L=$<br>切曲差:$D=$ |
| 主点里程 | $ZY$ 点里程:<br>$QZ$ 点里程: | $YZ$ 点里程:<br>$JD$ 点里程: |

| 详　细　测　设　参　数 | | | 切线支距法<br>原点:ZY<br>X 轴:ZY−JD | | 偏角法<br>测　　站:ZY<br>起始方向:ZY−JD | |
|---|---|---|---|---|---|---|
| 名点 | 桩号里程<br>km　　m | 累积弧长<br>m | X(m) | Y(m) | θ<br>(° ′ ″) | c<br>(m) |
| $ZY$ | K35+596.01 | | | | | |
| 1 | K35+600.00 | | | | | |
| 2 | K35+610.00 | | | | | |
| $QZ$ | K35+611.72 | | | | | |
| 3 | K35+620.00 | | | | | |
| $YZ$ | K35+627.43 | | | | | |

## 16.5 注意事项

1. 按所给的假定条件和数据,先计算出主点元素放样数据。
2. 安置仪器应对中,整平。
3. 计算完毕和测设完毕后,都必须进行认真地校核。
4. 应沿望远镜视线方向量出所需的水平距离。

## 16.6 实训成果

实训结束提交点位测设记录表和测设过程报告。

## 16.7 思考题

1. 切线支距法测设圆曲线的原理?
2. 何谓整桩号法设桩?

# 实训十七　路线纵横断面测量

## 17.1　实训要求和目的

1. 具有在选定设计方案的路线上进行中线测量、纵断面和横断面测量的能力；熟悉作业方法、能计算，具有控制测设过程的能力。

2. 掌握纵横断面图的绘制方法和工程土(石)方量的计算方法。

## 17.2　仪器准备

水准仪一台(含水准尺和尺垫)，经纬仪一台，三角板一付，皮尺一把，木桩若干，记录夹一个，计算器一台。

## 17.3　实训内容

中线测量，纵断面测量，横断面测量，纵横断面图的测绘和土(石)方的计算，确定开挖边界线和施工测量方法。

## 17.4　实训步骤和方法要求

各小组在所测地形图上设计含有1～2个转折点的线路中线，线路转向处用缓和曲线或圆曲线连接。

1. 中线测量

根据中线附近的控制点和地物，可采用穿线交点、拨角放线等方法测设线路各交点，并用测回法观测线路各偏角一测回。然后从线路起点开始，沿中线每隔20 m或50 m(曲线上根据曲线半径每隔20 m、10 m或5 m)量距定出整桩，并在地面坡度变换处、中线与其他主要地物(如已有道路、河流、输电线)相交之处设加桩，在曲线交点处设立主点桩。中线定线时，可采用经纬仪定线或目估定线，量距采用一般钢尺量距，曲线测设可采用偏角法、切线支距法或极坐标法。线路精度要求是：直线部分纵向相对误差应小于1/2000，横向误差应小于5 cm；曲线部分纵向相对闭合差应小于1/1000，横向闭合差应小于10 cm。

里程桩的编号：0＋000，0＋020，0＋040，……加桩编号按实际距离为准。如：0＋027，0＋055，……

2. 纵断面测量

(1)基平测量

在整个路线上，根据路线的长度设置3～5个水准点，按四等水准测量的方法或往返观测方法与附近的已知水准点连测，并求出其高程。

(2)中平测量

以相邻水准点为一个测段，从一个水准点出发，按等外水准测量要求逐个测定中桩的地面高程，附合至下一个水准点。作业中应注意：

①为提高作业效率，一个测站可以有若干个间视（前视），并采用视线高方法进行计算，故记录时应注意分清后视、前视和间视，不能有误。

②各桩号的高程以桩的地面高程为准，不能测桩顶。

③注意水准点的闭合或附合，以及其限差要求，以确保水准测量无差错。

**例 17-1**

（1）测设

水准仪置于Ⅰ站，后视水准点 $BM_1$，前视转点 $ZD_1$，将读数记入表后视、前视栏内；

观测 $BM_1$ 与 $ZD_1$ 间的中间点 K0＋000、＋020、＋040、＋060、＋080，将读数记入中视栏；

将仪器搬至Ⅱ站，后视转点 $ZD_1$，前视转点 $ZD_2$，然后观测各中间点＋100、＋120、＋140、＋160、＋180，将读数分别记入后视、前视和中视栏。

按上述方法继续前测，直至闭合于水准点 $BM_2$，

中平测量只作单程测量。

（2）记录

中平测量记录表

| 测点 | 水准尺读数(m) | | | 视线高程(m) | 高程(m) | 备注 |
|---|---|---|---|---|---|---|
| | 后视 | 中视 | 前视 | | | |
| $BM_1$ | 2.191 | | | 514.505 | 512.314 | |
| K0＋000 | | 1.62 | | | 512.89 | $BM_1$ 高程为基平所测 |
| ＋020 | | 1.90 | | | 512.61 | |
| ＋040 | | 0.62 | | | 513.89 | |
| ＋060 | | 2.03 | | | 512.48 | |
| ＋080 | | 0.90 | | | 513.61 | |
| $ZD_1$ | 3.162 | | 1.006 | 516.661 | 513.499 | |
| ＋100 | | 0.50 | | | 516.16 | |
| ＋120 | | 0.52 | | | 516.14 | |
| ＋140 | | 0.82 | | | 515.84 | |
| ＋160 | | 1.20 | | | 515.46 | |
| ＋180 | | 1.01 | | | 515.65 | |
| $ZD_2$ | 2.246 | | 1.521 | 517.386 | 515.140 | 基平测得 $BM_2$ 高程为 524.824 m |
| … | … | … | … | … | … | |
| K1＋240 | | 2.32 | | | 523.06 | |
| $BM_2$ | | | 0.606 | | 524.782 | |

(3)复核

复核：$f_{h容}=\pm 50\sqrt{L}=\pm\sqrt{1.24}=\pm 56$ mm($L=K1+240-K0+000=1.24$ km)

$\Delta h_{基}=524.824-512.314=12.51$ m

复核：$\Delta h_{中}=524.782-512.314=12.468$ m

$$\sum a-\sum b=(2.191+3.162+2.246+\cdots)-(1.006+1.521+\cdots+0.606)=12.468\ \text{m}$$

$\Delta h_{基}-\Delta h_{中}=12.51-12.468=0.042$ m$=42$ mm$<f_{h容}$，精度符合要求。

(说明：一测段观测结束后，应计算测段高差 $\Delta h_{中}$。它与基平所测测段两端水准点高差 $\Delta h_{基}$ 之差，称为测段高差闭合差 $f_h$。测段高差闭合差应符合中桩高程测量精度要求，否则应重测。中桩高程测量的精度要求，其容许误差：高速公路、一级公路为 $\pm 30\sqrt{L}$ mm；二级及二级以下公路为 $\pm 50\sqrt{L}$ mm。中桩高程检测限差：高速公路、一级公路为±5 cm；二级及二级以下公路为±10 cm。中桩高程测量，对需要特殊控制的建筑物、铁路轨顶等，应按规定测出其标高，检测限差为±2 cm。)

(4)计算

中桩的地面高程以及前视点高程应按所属测站的视线高程进行计算。

每一测站的计算按下列公式进行：

视线高程＝后视点高程＋后视读数

中桩高程＝视线高程－中视读数

转点高程＝视线高程－前视读数

3. 纵断面图的绘制

以里程桩为横坐标，比例尺为 1∶1000，以高程为纵坐标，比例尺为 1∶100，在毫米方格纸上绘出纵断面图。

纵断面图应包括以下内容：桩号，填挖土高度，地面高程设计高度、坡度与距离，填挖数，直线与曲线。

纵断面图的绘制一般可按下列步骤进行：

(1)按照选定的里程比例尺和高程比例尺打格制表，填写直线与曲线、里程、地面高程、土壤地质说明等资料。

(2)绘地面线

首先选定纵坐标的起始高程，使绘出的地面线位于图上适当位置。一般是以 10 m 整倍数的高程定在 5 cm 方格的粗线上，便于绘图和阅图。然后根据中桩的里程和高程，在图上按纵、横比例尺依次点出各中桩的地面高程，再用直线将相邻点一个个连接起来，就得到地面线。在高差变化较大的地区，如果纵向受到图幅限制时，可在适当地段变更图上高程起算位置，此时地面线将构成台阶形式。

(3)根据纵坡设计计算设计高程

当路线的纵坡确定后，即可根据设计纵坡和两点间的水平距离，由一点的高程计算另一点的设计高程。

(4)计算各桩的填挖高度。同一桩号的设计高程与地面高程之差，即为该桩的填挖高度，填方为正，挖方为负。

(5)在图上注记有关资料,如水准点、桥涵、竖曲线等。

(说明:纵断面图是沿中线方向绘制的反映地面起伏和纵坡设计的线状图,它表示出各路段纵坡的大小和坡长及中线位置的填挖高度,是道路设计和施工的重要技术文件之一。纵断面图由上、下两部分组成。在图的上部,从左至右有两条贯穿全图的线。一条是细的折线,表示中线方向的实际地面线,是以里程为横坐标、高程为纵坐标,根据中平测量的中桩地面高程绘制的。为了明显反映地面的起伏变化,一般里程比例尺取 1∶5000、1∶2000 或 1∶1000,而高程比例尺则比里程比例尺大 10 倍,取 1∶500、1∶200 或 1∶100。图中另一条是粗线,是包含竖曲线在内的纵坡设计线,是在设计时绘制的。此外,图上还注有水准点的位置和高程,桥涵的类型、孔径、跨数、长度、里程桩号和设计水位、竖曲线示意图及其曲线元素,同公路、铁路交叉点的位置,里程及有关说明等。)

## 17.4　实训记录

**表 17-1　路线纵断面测量记录**

| 测点 | 水准尺读数(m) | | | 视线高程/m | 高程/m | 备注 |
|---|---|---|---|---|---|---|
| | 后视 | 中视 | 前视 | | | |
| | | | | | | |
| | | | | | | |
| | | | | | | |
| | | | | | | |
| | | | | | | |
| | | | | | | |
| | | | | | | |
| | | | | | | |
| | | | | | | |
| | | | | | | |
| | | | | | | |
| | | | | | | |
| | | | | | | |
| | | | | | | |
| | | | | | | |
| | | | | | | |
| | | … | … | … | … | |
| | | | | | | |
| | | | | | | |

检核:$f_{h容}=$　　　　　　$f_h=$

实训报告

日期：　　班级：　　组别：　　姓名：　　学号：

<table>
<tr><td colspan="2">实训项目</td><td>中平测量</td><td>成绩</td><td></td></tr>
<tr><td colspan="2">实训目的</td><td colspan="3"></td></tr>
<tr><td colspan="2">主要仪器及工具</td><td colspan="3"></td></tr>
<tr><td>绘制纵断面图</td><td colspan="4"></td></tr>
<tr><td colspan="5">实训总结：</td></tr>
</table>

## 17.5　实训成果要求

1. 每人应提交路线纵断面测量记录

2. 实训报告

## 17.6　考核

1. 测试题目与内容

路线横断面测量方法，每组测定一个成果。

2. 测试条件(情景)

经纬仪或全站仪水准仪 1 台，棱镜 2 个，水准尺 2 根，测钎 6 枝，标杆 3 支，卷尺 1 把。

(1)选定线路，量距打桩

①在有坡度变化的地区选定线路位置。

②在选定线路上用标杆定线，用卷尺量距每十米打一桩，按规定的编号方法编号，并在坡度变化处打加桩。

(2)基平测量

①在线路适当位置选定水准点，本规定在测试线路起点和终点附近各选一点。

②用往、返测法，测定两水准点的高差，精度要求$\pm 8\sqrt{n}$ mm($n$为测站数)。

③始点的高程可以假设，要注意防止其他点高程出现负值。

(3)中平测量

①在第一个水准点上立水准尺，并在线路前进方向上适当位置选择一个转点，在转点位置上放尺垫，在尺垫上立水准点。

②在两水准尺之间，安置水准仪。

③在两水准尺上读数，分别记在后视前视栏内。

④将后尺依次立在 0+000，0+010，…各桩上，读数记在中间视栏内。

⑤仪器移至下一站，原前尺变为后视尺，后视尺变为前视尺，立在下一个适当位置的转点上，按上述继续向前观测，直至闭合到下一水准点上。

⑥当场计算两水准点间的高差，与基平测量结果相比较其差值。

(4)横断面测量

①横断面测量，就是测定中桩两侧正交于中线方向地面变坡点间的距离和高差，并绘成横断面图，供路基、边坡、特殊构造物的设计，土石方计算和施工放样之用，

②横断面测量的宽度，应根据中桩填挖高度，边坡大小以及有并工程的特殊要求而定，一般自中线两侧各测 10～50 m。横断面测绘的密度，除各桩应施测外，在大、中桥头，隧道口挡土墙等重点工程地段，可根据需要加密，横断面测量的限差一般为：高差容许误差 $\Delta_h=0.1+h/20$ (m)。

式中：h 为测点至中桩间的高差；水平距离的相对误差为 1/50。

3. 测试报告与注意事项

1.基平测量、中平测量和横断面测量都按照精度要求衡量，在精度要求之内说明测量精度符合，否则重测一直到达到要求为止。提交成果如表 17-2：

**表 17-2 路线中平测量记录表**

| 测点 | 水准尺读数 | | | 视线高程/m | 高程/m | 备注 |
|---|---|---|---|---|---|---|
| | 后视 | 中视 | 前视 | | | |
| *BM*.1 | 2.292 | | | 24.710 | 22.418 | |
| 0+000 | | 1.62 | | | 23.09 | |
| +050 | | 1.93 | | | 22.78 | |
| +080 | | 1.02 | | | 23.69 | |
| +100 | | 0.64 | | | 24.07 | |
| +120 | | 0.93 | | | 23.78 | |
| +140 | | 0.18 | | | 24.53 | |
| *TP*.1 | 2.201 | | 1.105 | 25.806 | 23.605 | |
| +160 | | 0.47 | | | 5.34 | |
| +180 | | 0.74 | | | 25.07 | |
| +200 | | 1.33 | | | 24.48 | |
| +222 | | 1.02 | | | 24.79 | |
| +240 | | 0.93 | | | 24.88 | |
| +260 | | 1.43 | | | 24.38 | |
| +300 | | 1.67 | | | 24.14 | |
| *TP*.2 | 2.743 | | 1.266 | 27.283 | 24.540 | |
| … | … | … | … | … | … | 基平 *BM*.2 高程 31.646 m |
| K1+260 | | | | | | |
| *BM*.2 | | | 0.632 | | 31.627 | |

检核：$f_{h容}=\pm 50\sqrt{1.26}=\pm 56$ mm

$f_h=31.627-31.646=-0.019$ m $=-19$ mm

$H_{BM.2}-H_{BM.1}=31.627-22.418=9.209$ m

$\sum a-\sum b=(2.292+2.201+2.743+\cdots)-(1.105+1.266+\cdots+0.632)=9.209$ m

表 17-3　用水准仪测横断面记录

| $\frac{\text{前视读数}}{\text{距离/m}}$(左侧) | $\frac{\text{后视读数/m}}{\text{桩号}}$ | $\frac{\text{前视读数}}{\text{距离/m}}$(右侧) |
|---|---|---|
| $-\frac{2.48}{20.00}$　$\frac{1.17}{11.8}$　$\frac{1.52}{6.6}$ | $\frac{1.68}{0+200}$ | $\frac{0.57}{11.8}$　$\frac{0.22}{20.0}$ |

4. 测试要求及评分标准

(1)严格按操作规程作业;

(2)记录、计算完整、整洁、无错误;

(3)数据记录、计算、校核及成果计算均应填写在相应的《测试报告》中,记录表以外的数据不作为考核结果;

(4)高差闭合差的容许值 $f_{h容}=\pm50\sqrt{L}$ mm。

(5)评分标准见下表:

测试评分标准(百分制)

| 序号 | 测试内容 | 评分标准 | 配分 |
|---|---|---|---|
| 1 | 工作态度 | 仪器工具轻拿轻放,搬仪器动作规范,装箱正确 | 10 |
| 2 | 测设方案 | 纵、横断面测设方案正确,程序恰当 | 10 |
| 3 | 仪器操作 | 操作熟练、规范,方法步骤正确、不缺项 | 10 |
| 4 | 读数 | 读数正确、规范 | 10 |
| 5 | 记录 | 记录正确、规范 | 10 |
| 6 | 计算 | 计算快速准确、规范,计算检核齐全 | 20 |
| 7 | 精度 | 精度符合要求 | 20 |
| 8 | 综合印象 | 动作规范、熟练、文明作业 | 10 |
| 合　计 | | | 100 |

5. 测试报告

路线纵、横断面计算与测设技能测试报告

考评日期:__________　姓名:__________　成绩:________　考评员:__________

| 测试题目 | 单圆曲线切线支距法详细测设 | | |
|---|---|---|---|
| 主要仪器及工具 | | | |
| 天气 | | 仪器号码 | |

6. 测试成绩评定表

本表用于考评员给考生评定成绩,最后连同考生《测试报告》归档保存。

考生姓名：__________ 考评日期：______ 开始时间：______结束时间：__________

测试评分标准(百分制)

| 序号 | 测试内容与评分标准 | 配分 | 扣分 | 得分 | 监考教师评分依据记录 |
|---|---|---|---|---|---|
| 1 | 工作态度，仪器、工具轻拿轻放，装箱正确 | 10 | | | |
| 2 | 仪器选择正确，操作熟练 | 10 | | | |
| 3 | 纵、横断面测设方案正确，程序恰当 | 10 | | | |
| 4 | 读数记录正确，步骤合理 | 20 | | | |
| 5 | 含计算校核和测设校核 | 20 | | | |
| 6 | 计算快速准确、规范，计算检核齐全，精度符合要求 | 20 | | | |
| 7 | 综合印象动作规范、熟练、文明作业 | 10 | | | |
| 标准分：100 | | | | | |
| 总扣分及说明 | | | | | |
| 最后得分 | | 考评员签字 | | 主考人签字 | |

## 17.7 思考题

1. 路线纵断面测量的任务是什么？什么是横断面测量？
2. 跨河水准测量具有哪些特点？针对这些特点应采取哪些措施？
3. 中平测量中的中视与前视有何区别？
4. 中平测量时，跨越沟谷可采取什么措施？为何采取这些措施？
5. 直线、圆曲线和缓和曲线的横断面方向如何确定？

# 实训十八　GPS 的认识与使用

## 18.1　目的与要求

1. 了解一般静态 GPS 接收机的基本结构，掌握静态 GPS 接收机测量的基本操作方法。

2. 了解一般 GPS 接收机的工作原理。

3. 了解一般 GPS 后处理软件的功能与使用。

4. 掌握 GPS 接收机各个部件之间的连接方法。

5. 熟悉 GPS 接收机前面板各个按键的功能；熟悉 GPS 接收机后面板各个接口的作用。

6. 学会使用 GPS 接收机查看天空 GPS 卫星的分布状况、PDOP 值以及测站经纬度。

7. 学会使用 GPS 接收机采集数据，并给采集的数据编辑文件名；学会 GPS 接收机天线高的量取及输入方法。

8. 天线可用脚架直接安置在测量标志中心的铅垂线方向上，对中误差应小于 2 mm。天线应整平，天线基座上的圆水准气泡应居中；天线定向标志应指向正北，定向误差不宜超过±5°；观测时段的前后各量取天线高一次，两次量高之差不大于 3 mm。取平均值作为最后天线高，记录在手簿。

9. 每人现场记录一份观测成果。

10. 根据后处理软件的工作流程，总结 GPS 测量的基本原理。

## 18.2　仪器准备

1. 由仪器室借领：每组 GPS 接收机 1 台套（三台，带脚架），小钢尺 1 支，对讲机三台。

2. 自备工具：铅笔、小刀、尺子及记录表格。

## 18.3　实训步骤

1. 在开阔地方（高度角大于 15 度），分别将 GPS 接收机由仪器箱中取出，在测站上安置仪器，整平、对中，量取仪器高度，并将它和当时的天气情况记入 GPS 测量手簿，提供电源。

2. 启动 GPS 接收机

(1)启动方式：当确认接收机电源电缆和天线应连接无误，接收机预置状态正确时，按接收机上的 ON/OFF 键大于 3 s，直到指示灯闪烁，松开按键。

(2)根据靠近开关键的指示灯显示情况，可以看出 GPS 接收机的工作情况。仪器工作正常后，作业人员可使用专用功能键选择菜单，查看测站信息、接收卫星数、卫星号、各通道信噪比、实时定位结果及存贮介质记录情况等。并及时逐项填写测量手簿中各项内容。

(3)测量过程中建立的数据文件。

①每个测站上采集的数据包含两个文件：

*.OBS 文件——观测文件；

＊.XXN——导航文件(其中XX表示年份,如＊.94N)。

两个观测文件中至少有一个供后处理软件应用的导航数据文件。在每个时段测量最后,还记录反映卫星位置和卫星健康状况的年份数据文件,扩展名为＊.ALM,并可用于软件的计划方式,不参与基线计算。

文件名以GPS惯例自动生成,共有8个字符,它含有测站名、日期和时段号(ID),如果在同一天重复设站,ID会自动改变。

文件名各字符的意义为:

XXXX　XXX　XSessionID(为1,2,3,……)

一年中的第几天天数(年积日);点名(至少4个字符);接收机若接收测站上的年历文件,至少需要跟踪卫星15分钟。

②观测数据文件名由8个字符标记,其意义为:

X　XXX　XXX　X第1个字符为ID标记(用字母A或B……表示),第2到第4个字符表示接收机系列编号,第5到第7个字符表示一年中观测时的天数,第8个字符表示SessionID(通常用A表示)。其他的如点编号、点码、测站信息、高度角、数据记录间隔、偏心和观测持续时间与前面的意义相同。

注意:不同的接收机有不同的文件名编排顺序。

(4)正常测量时间按GPS卫星预报和观测调度计划进行。

3. 关机

(1)检查对中整平,再量天线高并记录,检查卫星状况。

(2)按住数据记录开关,直到指示灯灭,停止记录。

(3)按ON/OFF键(一般3 s就够了),直到无指示灯闪烁。

(4)再拆天线、基座,装箱。

4. 仪器初始化

当在野外仪器不能正常工作时,可以初始化仪器,具体做法是:

(1)按住ON/OFF键(大于15 s),直到所有显示灯熄灭又全发亮为止,这样仪器恢复厂家缺省设置。

(2)按住ON/OFF键(大于30 s)时,消除接收机存储的所有文件,并格式化数据卡。

5. 数据处理

利用外业观测的资料,在室内进行数据处理工作,主要进行数据传输、基线预处理、平差计算、坐标转换、成果的输出。

## 18.4　实训记录(表格)

**GPS外业观测记录手簿**

＿＿＿＿＿＿工程GPS外业观测手簿　　　　第＿＿＿＿页

| 测站号 | | 测站名 | | 天气状况 | |
|---|---|---|---|---|---|
| 观测员 | | 记录员 | | 观测日期 | |
| 接收机名称及编号 | | 天线类型及编号 | | 数据文件名 | |

续表

| 测站号 | | 测站名 | | 天气状况 | |
|---|---|---|---|---|---|
| 近似经度 | ° ′ | 近似纬度 | ° ′ | 近似高程 | m |
| 预热时间 | h　min | 开录时间 | h　min | 结束时间 | h　min |
| 天线高(m) | 测前： | | 测后： | | 平均值： |
| 气温(℃) | 测前： | | 测后： | | 平均值： |

测　站　跟　踪　作　业　记　录

| 时间(UTC) | 跟踪卫星号(PRN)、高度角(ELEV)及信噪比(SNR) | | | | | | | | | | 纬度(° ′) | 经度(° ′) | 高程(m) | PDOP |
|---|---|---|---|---|---|---|---|---|---|---|---|---|---|---|
| | PRN | | | | | | | | | | | | | |
| | ELEV | | | | | | | | | | | | | |
| | AZMH | | | | | | | | | | | | | |
| | SNR | | | | | | | | | | | | | |
| | PRN | | | | | | | | | | | | | |
| | ELEV | | | | | | | | | | | | | |
| | AZMH | | | | | | | | | | | | | |
| | SNR | | | | | | | | | | | | | |
| | PRN | | | | | | | | | | | | | |
| | ELEV | | | | | | | | | | | | | |
| | AZMH | | | | | | | | | | | | | |
| | SNR | | | | | | | | | | | | | |
| | PRN | | | | | | | | | | | | | |
| | ELEV | | | | | | | | | | | | | |
| | AZMH | | | | | | | | | | | | | |
| | SNR | | | | | | | | | | | | | |
| 记事 | | | | | | | | | | | | | | |

记录员：____________

## 18.5　注意事项

1. GPS接收机属特贵重设备，实训过程中应严格遵守测量仪器的使用规则。

2. 在测量观测期间内，由于观测条件的不断变化，要注意不时的查看接收机是否工作正常，应检查电池容量是否充足，接收机内存是否充足。

3. GPS接收机正常工作状态下，不得进行以下操作：不要转动或搬动仪器；关闭接收机以重新启动；进行自测试(发现故障除外)；改变卫星截止高度角；改变数据采样间隔；改变天线位置；按动关闭文件和删除文件等功能。

4. 观测员在作业期间不得擅自离开测站，并防止仪器受震动和被移动，防止人和其他物体靠近天线，遮挡卫星信号。

5. 接收机在观测过程中，观测员不应在接收机近旁使用对讲机和手机等通讯设备。

6. 观测中应保证接收机工作正常，数据记录正确，每日观测结束后，应及时将数据下载到计算机硬、软盘上，确保观测数据不丢失。

## 18.6 考核

每组提交一份合格的GPS接收机的使用报告。

1. 考核内容

(1)介绍GPS接收机；

(2)在测站上测量操作。

2. 考核要求

(1)严格按作业程序进行操作；

(2)对中误差应小于2 mm，天线应整平，天线基座上的圆气泡应居中；

(3)准确量取天线高，两次量高之差不大于3 mm，与实际值之差不大于2 mm。

3. 考核标准

(1)以时间$T$为评分主要依据，如下表，评分标准分四个等级制定，具体分数由所在等级内插评分，表中$M$代表分数。

| 考核项目 | 评分标准(以时间$T$为评分主要依据) | | | |
|---|---|---|---|---|
| | $M \geqslant 85$ | $85 > M \geqslant 75$ | $75 > M \geqslant 60$ | $M < 60$ |
| GPS接收机介绍及操作 | $T \leqslant 10'$ | $10' < T \leqslant 13'$ | $13' < T \leqslant 16'$ | $T > 20'$ |

(2)根据对中误差情况，扣1～3分。

(3)根据圆气泡偏差情况，扣1～2分。

(4)天线高量取不准确，扣5分。

4. 考核说明

(1)考核过程中任何人不得提示，各人应独立完成仪器操作，并介绍GPS接收机的基本构造及各部件的作用；

(2)主考人有权随时检查是否符合操作规程及技术要求，但应相应折减所影响的时间；

(3)考核时间自架立仪器开始，至GPS接收机正常工作结束，关机并拆卸仪器放进仪器箱为终止；

(4)主考人应在考核结束前检查并填写GPS接收机对中误差及圆气泡偏差情况，在考核结束后填写考核所用时间并签名。

## 18.7 案例

1. 任务

根据各个学校的情况，拟定采用GPSRTK确定校园图根点的坐标，以满足该校园1∶500的测量任务，工期XX天。

案例分析

1. GPS接收机的基本概念:GPS用户设备主要包括GPS接收机及其天线、微处理机及其终端设备以及电源等。其中接收机和天线是核心部分,习惯上统称为GPS接收机。主要功能是接收GPS卫星发射的信号,并进行处理,获取导航电文和必要的观测量。

2. GPS接收机的主要结构组成:天线(带前置放大器);信号处理器:用于信号识别与处理;微处理器:用于接收机的控制、数据采集和导航计算;用户信息传输:包括操作板、显示板等;精密振荡器:产生标准频率;电源。

3. GPS接收机天线

天线的基本作用是把来自于卫星信号的能量转化为相应的电流,并经前置放大器进行频率变换,以便对信号进行跟踪、处理和量测。

天线的基本要求:

天线与前置放大器应密封为一体,保障在恶劣气象环境下正常工作。

天线应呈全圆极化:要求天线的作用范围为整个上半球,天顶处不产生死角,保障能接收来自天空任何方向的卫星信号。

天线必须采取适当的防护与屏蔽措施:例如加一块基板,尽可能地减弱信号的多路径效应,防止信号干扰。

天线的相位中心与其几何中心的偏差应尽量小,且保持稳定。

4. GPSPTK确定图根点坐标作业流程:GPSPTK确定图根点坐标作业流程包括收集测区的控制点资料、求定测区转换参数、野外踏勘与布点、架设基准站、流动站测量图根点坐标。

## 18.8 思考题

1. GPS接收机的主要结构组成?

2. GPSPTK确定图根点坐标作业流程?

# 建筑工程测量实习指导书

专　　业＿＿＿＿＿＿＿＿

班　　级＿＿＿＿＿＿＿＿

姓　　名＿＿＿＿＿＿＿＿

指导教师＿＿＿＿＿＿＿＿

## 一、综合实训目的

1. 教学综合实训是建筑工程测量教学的一个重要环节，其目的是使学生在获得基本知识和基本技能的基础上，进行一次较全面、系统的训练，以巩固课堂所学知识及提高操作技能。

2. 培养学生独立工作和解决实际问题的能力。

3. 培养学生严肃认真、实事求是、一丝不苟的实践科学态度。

4. 培养吃苦耐劳、爱护仪器用具、相互协作的职业道德。

## 二、实习内容及日程表(如果天气不宜外业工作，则进行内业工作或依次顺延)

| 日　期 | 地　点 | 内　　容 |
|---|---|---|
| 第 1 天 | 实训室 | ①动员；②领取第一批仪具；③仪器检验。 |
| 第 2～4 天 | 校园基地 | 地形图修测与图根控制测量：(分批分别进行)<br>①踏勘选点；②导线测量；③水准测量；④内业计算；⑤补测。 |
| 第 4～6 天 | 校园基地 | 地形图测绘：<br>①裱糊图板、绘制格网与展点；②经纬仪配合分度规极坐标法测图、数字化测图；③修图与地形图整饰；④成果整理。 |
| 第 6～8 天 | (建筑区) | 施工放样测量：(分批分别进行)<br>①图根控制测量；②成果整理；③施工放样。 |
| 第 9 天 | 校园 | 实地考核：①测角；②水准；③记录。 |
| 第 10 天 | | ①总结；②交还仪具。 |

## 三、综合实训组织

综合实训期间的组织工作，由指导教师负责。综合实训工作按小组进行，每组 4～5 人，选组长一人，负责组内综合实训分工和仪器管理。

## 四、每组配备的仪器用具

按每个实习小组配备，分期领取，需领取的具体仪具项目如下。

第1天　上午8:00

| 序号 | 品名 | 单位 | 数量 | 序号 | 品名 | 单位 | 数量 |
|---|---|---|---|---|---|---|---|
| 1 | $DJ_6$经纬仪 | 套 | 1 | 12 | *小铁钉(水泥钉) | 个 | 15 |
| 2 | $DS_3$水准仪 | 套 | 1 | 13 | 导线测量手簿 | 本 | 1 |
| 3 | 50 m钢尺 | 把 | 1 | 14 | 水准测量手簿 | 本 | 1 |
| 4 | 2 m花杆 | 支 | 1 | 15 | *4H铅笔 | 支 | 2 |
| 5 | 30 m皮尺 | 个 | 1 | 16 | *橡皮 | 块 | 1 |
| 6 | 双面水准尺 | 支 | 2 | 17 | 文具盒 | 个 | 1 |
| 7 | 尺垫 | 个 | 2 | 18 | *小刀 | 把 | 1 |
| 8 | 测钎 | 个 | 4 | 19 | 工具袋 | 个 | 1 |
| 9 | 斧子 | 把 | 1 | 20 | 阳伞 | 把 | 1 |
| 10 | 木桩 | 个 | 12 | 21 | *本夹 | 个 | 1 |
| 11 | 大图板 | 块 | 1 | 22 | | | |

第5天　上午8:00

| 序号 | 品名 | 单位 | 数量 | 序号 | 品名 | 单位 | 数量 |
|---|---|---|---|---|---|---|---|
| 1 | 全站仪 | 套 | 1 | 6 | 衬纸 | 张 | 1 |
| 2 | 棱镜 | 个 | 2 | 7 | *胶带 | 卷 | 1 |
| 3 | 半圆规(分度规) | 个 | 1 | 8 | *大头针 | 个 | 10 |
| 4 | 三棱缩尺 | 个 | 1 | 9 | 三角板 | 付 | 1 |
| 5 | 聚酯薄膜(600×600) | 张 | 1 | 10 | 五四坐标尺 | 个 | 1 |

注:除标有*号物品由指导教师提供外,其他物品一律到测绘工程实验室的仪器室借取。

## 五、综合实训内容及技术要求

(一)水准仪、经纬仪的检验

1. 水准仪的检校

(1)圆水准器轴平行于仪器竖轴的检验与校正:气泡无明显偏离。

(2)十字丝中丝垂直于仪器竖轴的检验与校正:标志点无明显偏离十字横丝。

(3)水准管轴平行于视准轴的检验与校正:$i<\pm 20''$。

2. 经纬仪的检校

(1)水准管轴垂直于仪器竖轴的检验与校正:水准管气泡偏移值都在一格以内。

(2)十字丝竖丝垂直于横轴的检验与校正:标志点无明显偏离十字竖丝。

(3)视准轴垂直于横轴的检验和校正:如果$c>60''$,则需要校正。

(4)横轴垂直于仪器竖轴的检验:如果$A$、$B$相距大于5 mm,则需要校正。由于横轴校正设备密封在仪器内部,该项校正应由仪器维修人员进行。

(5)指标差的检验与校正:当竖盘指标差$x>1'$时,则需校正。

(二)地形图修测与补测

1. 设备资料：1/500 比例尺地形图一幅；直尺、三棱缩尺、皮尺、铅笔、橡皮等。

2. 实习步骤

(1)根据"图式"熟悉地形图符号与注记；

(2)检测原地形图的错误；

(3)在原地形图上删除已不存在的地物(标出即可)；

(4)依据重要地物的特征点，采用线交会法或垂线法标定新增的地物；

(5)更新变化的地物、名称、说明或注记；

(6)更新等高线的变化情况(画出示意等高线即可)。

(三)建筑区 1/500 比例尺极坐标法地形图测绘

1. 踏勘选点

(1)设备仪具：木桩、斧子、小钉、花杆等。

(2)实习步骤：根据已知控制网点情况，在野外依据尚存在的已知点为起始点，利用步测边长和目视通视情况下确定图根控制导线点位，然后土地上钉木桩(上钉小钉到头)或柏油路面钉水泥钉垫上瓶盖，做好标志和编号，尽力敷设为几条附和或闭合导线，并画出导线略图。

2. 已知点检测

(1)设备仪具：经纬仪、测钎、已知成果。

(2)实习步骤：根据已知点坐标反算出各边夹角，在实地设置经纬仪实测各夹角，
检查已知点是否发生移动。如果原已知点点位不可靠，则重新布设导线。

3. 图根控制导线测量

(1)设备仪具：经纬仪、钢尺、测钎、记录手簿、铅笔、小刀、阳伞、拉力计等。

(2)实习步骤：

①水平角观测：测回法，尽力瞄准目标(测钎)的根部，阳光下给仪器打伞。

时刻注意仪器安全，观测员不准离开仪器 1 米距离，尤其风天或车辆行人多时，更要保护好仪器。

②边长测量：采用钢尺往、返测距，施予标准拉力，换尺段各 3 次读数，读至±1 mm，较差≤±3 mm，往返均值较差≤边长的 1/3000(参阅教材 P181 和 P112)。

③手簿记录：现场记录观测数据，测错或算错则在该栏或该页沿对角线上画线，注明原因，转到下栏或下页重新记录。如发生原始数据涂改、转抄、作假、撕页、格式不规范或记录不工整情况，该人或该组实习成绩视为不及格。

④数据处理：采用电子表格进行内业计算，最后成果要满足限差要求，否则补测或重测。

4. 图根高程控制测量

(1)设备仪具：水准仪、水准尺、尺垫、记录手簿、阳伞等。

(2)实习步骤：

①施测方法：按五等水准测量规格施测，黑红双面尺法，图根点兼作水准点。注意黑红常数差，立尺时地面一定要放尺垫，已知埋石点或图根木桩点上立尺要立在桩顶面或点心铁上。

②手簿记录：要求同上。

③数据处理：要求同上。

5. 坐标格网与图根点展绘

(1)设备仪具:图板、聚酯薄膜、0 号图纸、小刀、五四坐标尺、透明胶带、三棱缩尺、铅笔等。

(2)实习步骤:图根点展绘:用三棱缩尺展绘图根点,根据各导线边长检核正确性,最后按图幅的图号标注格网坐标值,单位:km;

6. 实地测图(经纬仪配合分度规极坐标法)

(1)设备仪具:经纬仪、分度规、图板、水准尺、皮尺等。

(2)实习步骤:

①在一个图根点上安置经纬仪,量取图根点至仪器横轴中心的竖直高度,计算出仪器高程。

②再用与另一个相邻图根点间方向作为起始方向,在图板上画出相应两点间一短线段作为起始方向线;

③司尺员选择地形特征点立尺,观测员瞄准碎部点上水准尺,盘左读数至分,绘图员转动分度规确定方向;

④观测员用视距法读出至碎部点间的平距至 0.1 米,绘图员将该碎部点展绘在图板上,沿相应地物轮廓特征点相继立尺并在图板上相连,画出各地物的外轮廓,各地物中间的碎部点可以使用皮尺量取各间隔再展绘在相应地物上;

⑤将经纬仪望远镜置于水平状态,用竖盘水准管微动螺旋将竖盘水准管气泡精确符合,然后读取水准尺中丝读数,精确至±0.01 m,绘图员将仪器高程减去该读数得出立尺点(碎部点)的高程,标在该点的右侧(精确至±0.01 m)。

7. 地形图整饰

(1)设备资料:图式、铅笔、直尺、圆规等。

(2)实习步骤:各组图幅之间拼图检查和修正,然后按照“图式”要求进行铅笔清绘和图外各项说明的整饰。

8. 地形图检测

(1)设备资料:经纬仪、水准尺、图式、铅笔、直尺、圆规等。

(2)实习步骤:各实习小组实行地形图质量互检,按第七款中第 8 和 9 条进行。

(四)丘陵区 1/1000 比例尺数字测图

(1)踏勘选点:各组依据本组图幅范围及已知控制点情况,各选出一条导线,以闭合导线为宜,边长视地形具体情况,一般以 100～150 m 为佳。点位宜选在视野开阔且适合设站处,然后设置木桩,木桩顶部钉入小钉作为测站点位标志。

(2)地形图测绘:从已知点开始沿导线方向顺序设站及编号,安置全站仪整平对中后开机,瞄准另一已知控制点为后视点,输入坐标、方位角、高程、仪器高、镜高等已知数据,并相继测出各图根点的坐标,最后闭合到起始点。在各图根点观测中,进行图根点范围内地形测量,测得各碎部点的坐标并存入机内。

(3)现场地形素描:数字测图同时,在图板上标出各碎部点点位及其高程,勾划出地性线及等高线略图,同时注记地物情况。

(4)测站检测:迁移到下一个测站时,要瞄准上一个测站进行观测,检核所测坐标值是否与原值一致。

(5)数据处理:外业完成后,将全站仪内存中观测数据传输到计算机中,然后应用软件进行数据处理,输入各有关说明数据,输出到绘图机生成机制地形图。

(五)地形图验收测量及应用

(1)地形图验收测量:各组分别进行地形图互检,依据埋石点坐标和高程检测附近各碎部点的平面位置与高程精度;

(2)地形图基本应用:根据情况进行点的高程、坐标和两点间方位角、高差,及面积量测等内容的图上量测工作;

(3)地形图在工程建设中应用:选择进行绘制地形断面图、确定汇水面积、按规定坡度确定最短路径等工作;

(4)施工放样:根据已知点数据反算待定点坐标及两点间方位角及高差,利用极坐标法或交会法标设待定点点位与高程及两点间距离或方位。

(六)施工放样步骤

各类工程及同一工程的不同阶段、不同部位对放样点的精度要求不同,所以对测站点和放样点的精度要求也不相同。作业时请严格执行《工程测量规范》和《施工测量控制程序》。本书中提到的限差指规范要求的限差,如果设计上有特殊要求,按设计要求执行。

1. 放样方案制定

(1)测量放样前,应从合法、有效途径获取施工区已有的平面和高程控制成果资料。

(2)根据现场控制点标志是否稳定完好等情况,对已有的控制点资料进行分析,确定是否全部或部分对控制点进行检测。

(3)已有控制点不能满足精度要求应重新布设控制,已有的控制点密度不能满足放样需要时应根据现有的控制点进行加密。

(4)必须按正式设计图纸、文件、修改通知进行测量放样,不得凭口头通知和未经批准的图纸放样。

(5)根据规范规定和设计的精度要求并结合人员及仪器设备情况制定测量放样方案。其内容应包括:控制点的检测与加密、放样依据、放样方法及精度估算、放样程序、人员及设备配置等。

2. 放样前准备

(1)阅读设计图纸,校算建筑物轮廓控制点数据和标注尺寸,记录审图结果。

(2)选定测量放样方法并计算放样数据或编写测量放样计算程序、绘制放样草图并由第二者独立校核。

(3)准备仪器和工具,使用的仪器必须在有效的检定周期内。给仪器充电,检查仪器常规设置:如单位、坐标方式、补偿方式、棱镜类型、棱镜常数、温度、气压等。

(4)使用有内存的全站仪时,可以提前将控制点(包括拟用的测站点、检查点)和放样点的坐标数据输入仪器内存,并检查。

3. 全站仪坐标法设站+极坐标法放样

(1)在控制点上架设全站仪并对中整平,初始化后检查仪器设置:气温、气压、棱镜常数;输入(调入)测站点的三维坐标,量取并输入仪器高,输入(调入)后视点坐标,照准后视点进行后视。如果后视点上有棱镜,输入棱镜高,可以马上测量后视点的坐标和高程并与已知数据检核。

(2)瞄准另一控制点,检查方位角或坐标;在另一已知高程点上竖棱镜或尺子检查仪器的视线高。利用仪器自身计算功能进行计算时,记录员也应进行相应的对算以检核输入数据的正确性。

(3)在各待定测站点上架设脚架和棱镜,量取、记录并输入棱镜高,测量、记录待定点的坐标和高程。以上步骤为测站点的测量。

(4)在测站点上按步骤(1)安置全站仪,照准另一立镜测站点检查坐标和高程。

(5)记录员根据测站点和拟放样点坐标反算出测站点至放样点的距离和方位角。

(6)观测员转动仪器至第一个放样点的方位角,指挥司镜员移动棱镜至仪器视线方向上,测量平距 $D$。

(7)计算实测距离 $D$ 与放样距离 $D^{\circ}$ 的差值:$\Delta D=D-D^{\circ}$,指挥司镜员在视线上前进或后退 $\Delta D$。

(8)重复过程(7),直到 $\Delta D$ 小于放样限差。(非坚硬地面此时可以打桩)

(9)检查仪器的方位角值,棱镜气泡严格居中(必要时架设三脚架),再测量一次,若 $\Delta D$ 小于限差要求,则可精确标定点位。

(10)测量并记录现场放样点的坐标和高程,与理论坐标比较检核。确认无误后在标志旁加注记。

(11)重复(6)~(10)的过程,放样出该测站上的所有待放样点。

(12)如果一站不能放样出所有待放样点,可以在另一测站点上设站继续放样,但开始放样前还须检测已放出的 2~3 个点位,其差值应不大于放样点的允许偏差。

(13)全部放样点放样完毕后,随机抽检规定数量的放样点并记录,其差值应不大于放样点的允许偏差值;

(14)作业结束后,观测员检查记录计算资料并签字。

(15)测量放样负责人逐一将标注数据与记录结果比对,同时检查点位间的几何尺寸关系及与有关结构边线的相对关系尺寸并记录,以验证标注数据和所放样点位无误。

(16)填写测量放样交样单。

(七)测量技术规格及限差规定(执行《城市测量规范》1999 北京版)

1. 图根点密度:$每幅图图根点数=\dfrac{每幅图实地面积}{1.5\times(最大测距长度)^2}$

即:1/500 比例尺地形图每幅 11~12 个;1/1000 比例尺地形图每幅 16~17 个。

2. 图根经纬仪钢尺导线:$DJ_6$ 经纬仪和比长后 50 m 钢尺。

| 导线长度/m | 平均边长/m | 导线相对闭合差 | 水平角测回数 | 方位角闭合差 |
|---|---|---|---|---|
| ≤500 | ≤75 | ≤1/2000 | 1 | $\leqslant\pm60''\sqrt{n}$($n$—测站数) |

3. 水平角观测:$DJ_6$ 经纬仪

| 测回数 | 测角中误差 | 半测回较差 | 固定角不符值 |
|---|---|---|---|
| 1 | ≤±20″ | ≤±40″ | ≤±40″ |

4. 钢尺量边:检定后 50 m 钢尺往、返丈量,往返长度较差的相对误差≤1/3000。

5. 等外水准测量:$DS_3$ 水准仪配木质水准尺中丝读数双面尺法单程观测。

| 视距长度/m | 黑红面读数差 | 黑红高差之差 | 高差闭合差/mm |
|---|---|---|---|
| ≤100 | ≤±4 mm | ≤±6 mm | ≤±40 $\sqrt{L}$(L—路线长,km) |

6. 图根三角高程测量

$DJ_6$经纬仪中丝法或全站仪对向观测皆一测回。

| 测回数 | 竖角或指标差的较差 | 高差较差(m) | 各方向推算的高程较差(m) | 路线闭合差(m) | | 备注 |
|---|---|---|---|---|---|---|
| | | | | 经纬仪 | 光电测距 | S—边长(km);H—基本等高距(m);n—边数;D—测距边长(km)。 |
| 1 | ≤25″ | ≤0.4×S | ≤0.2H | ≤H $\sqrt{n}$ | ≤40 $\sqrt{[D]}$ | |

7. 视距法测定碎部点最大测距

| 测图比例尺 | 地形点间距(m) | 视距长度(m) | |
|---|---|---|---|
| | | 地物点 | 地形点 |
| 1:500 | 15 | 60 | 100 |
| 1:1000 | 30 | 100 | 150 |

8. 增补测站点

(1)视距支点法:(图解法测图)

边长≤最大视距的 2/3;往返视距较差≤边长的 1/150;

高程 $J_6$经纬仪一测回,往返高程较差≤等高距的 1/5(平地)或 1/3(山地)。

(2)解析支点法:(光电或全站仪测图)

设 3～4 条边的支导线。

9. 地物点点位中误差

| 地区分类 | 点位中误差(图上 mm) |
|---|---|
| 建筑区、平地及丘陵区 | 0.5 |
| 山地及旧街坊内部 | 0.75 |

10. 等高线插求点的高程中误差

| 地形分类 | 平地 | 丘陵地 | 山地 | 高山地 |
|---|---|---|---|---|
| 高程中误差(等高距) | 1/3 | 1/2 | 2/3 | 1 |

## 六、任务要求

1. 各组完成:

(1)原有地形图修测一幅;

(2)图幅区域的图根平面与高程控制测量;

(3)建筑区 1/500 比例尺和丘陵区 1/1000 比例尺地形图各一幅;

2. 各人完成:(轮流担任观测员、记录员、绘图员或司尺员等岗位工作)

(1)水平角观测≯半天;水准测量≮5 站;
(2)测图≮半天;
(3)各种成果计算一份;
(4)实习报告一份。

## 七、起始数据与参考资料

1. 学院实习基地控制导线成果表;
2. 学院实习基地测区控制导线略图;
3. GJJ－99《城市测量规范》;
4. GB/T7929－1995《地形图图式》。

## 八、《实习报告》主要内容

1. 实习目的和要求;
2. 实习基本概况与个人工作概述(含图表);
3. 数据分析与处理过程(含图表);
4. 导线和水准测量成果表;
2. 内、外业的关键技术与成果分析的结论;
3. 实习的体会、建议与创新见解。

## 九、实习最后成绩评定办法(本次实习计 2 学分)

本次实习成绩由 3 项组成:
1. 实习期间个人和全组的实际表现情况(纪律,团结,作风,态度,成果)(25%);
2. 实习实际考核成绩(测角,水准,记录)(25%);
3. 实习报告成绩(50%)。

## 十、实习考核内容(各组同时每人轮流依次进行)

1. $J_6$ 经纬仪测回法一个测站观测水平角和竖直角的成果精度与时间;
2. $DS_3$ 水准仪双面尺法一个测站的观测成果精度与时间;
3. 记录格式、整洁度、正确性与时间。

## 十一、总结与奖励

1. 实习结束后进行总结,指导教师对各组各人表现和成绩给出综合评价;
2. 根据各组实际表现和成果优劣情况,总计评选出一个“优秀实习小组”;
3. 根据组内各人的综合表现情况,每组评选出一名“优秀实习个人”;
4.“优秀实习小组”与“优秀实习个人”由指导教师与各组长、课代表商讨与评议产生。

## 十二、综合实训纪律与注意事项

1. 做到安全第一,包括人身、仪器和资料的万无一失;
2. 各组设专人保管仪具,每次外业结束后及时维护和擦拭仪器与设备;

3. 加强组织性与纪律性，保证出勤率，超过一天的病、事假按学院规定请假制度执行；

4. 各组长合理安排各道工序和组员轮流的岗位工作，做到团结一致紧密配合；

5. 注意保持测区的环境卫生，每天外业结束时，将测区内所有塑料袋、废纸等物品收集起来处理；

6. 野外实习期间，要戴草帽、穿白色长袖上衣和长裤，以免天热中暑、蚊虫叮咬或阳光灼伤。

# 实习报告

实习地点：

实习名称：

学院(系)：

专业班级：

姓　　名：

学　　号：

| 项目 | 实际表现 | 实地考核 | 实习报告 | 总分数 | 指导教师 |
|---|---|---|---|---|---|
| 分值 | 25 | 25 | 50 | 100 | |
| 得分 | | | | | |

20　年　月　日

# 附录 6 《实习报告》撰写模板

## 1. 前言

### 1.1 实习目的与要求

1.1.1 实习目的

(写明几条目的)

1.1.2 实习要求

(写明几条要求)

### 1.2 实习概况

1.2.1 实习项目

(说明时间、地点、项目名称等)

1.2.2 完成情况

(说明各组各人完成各个项目的岗位工作、分工、数量与质量)

## 2. 实习内容

### 2.1 测区 1/500 地形图认识与修测

2.1.1 测区概况

(本组图幅的地理位置、行政区划、人文环境、地形特点等)

2.1.2 修测情况

(该图幅存在的问题与评价,补测、修测情况)

### 2.2 校园建筑区 1/500 地形图测绘

2.2.1 测区概况

(本组图幅的地理位置、行政区划、人文环境、地形特点等)

2.2.2 方案设计

(图根测量的方法、仪器设备、图形与地形测量的方法、仪器工具等)

2.2.3 施测步骤

(1)踏勘选点

(附导线图形及边长等说明,图表等须统一标号并有图名、表名)

(2)导线测量

(具体测角、量边等技术指标与施测、人员分工情况)

(3)水准测量

(图形、仪器、方法、技术指标、人员分工等)

(4)测图准备工作

(展绘方格网与图根点等)

(5)地形图测绘

(具体测绘的技术指标与施测、分工情况)

(6)地形图清绘

（清绘要求、方法等）

## 3. 数据处理与精度分析

### 3.1 经纬仪钢尺图根导线测量

3.1.1 原始数据

（可写“见导线野外观测手簿”）

3.1.2 平差计算

（一律用成果计算表格）

3.1.3 成果分析

（限差要求、实际误差、是否符合精度要求、误差超限原因及解决方法等）

### 3.2 四等水准测量

3.2.1 原始数据

（可写“见水准测量野外观测手簿”）

3.2.2 平差计算

（一律用成果计算表格说明）

3.2.3 成果分析

（限差要求、实际误差、是否符合精度要求、误差超限原因及解决方法等）

### 3.3 数字测图

（具体施测方法、作业方式、人员分工与测量精度情况）

### 3.4 施工放样

（具体施测方案、方法，测设作业方式，人员分工与测量精度情况）

### 3.5 最后上交成果

（包括手簿、导线、水准、地形图等资料与成果的目录）

## 4. 关键技术与解决方法

## 5. 结束语

### 5.1 实习体会

5.1.1 思想作风方面

5.1.2 测量技术方面

5.1.3 动手能力方面

### 5.2 创新见解与建议

说明：

1. 一律按本模板的格式与字体编写实习报告；
2. 具体章、节、目等的数量与内容可以自由发挥；
3. 页数在 10 页左右即可；
4. 图、表一律编号并注名称，如：图 2-1 导线网略图；表 2-1 导线平差成果表等；
5. 各班课代表负责将本班同学的实习报告电子文档按组为单位（每组一个文件夹）统一拷贝到指导教师电脑并输出打印、装订；

6. 实习报告、地形图与手簿等资料上交的最后期限为实习结束前一天 16:00 前；
7. 图表之外的文字内容如有抄袭或雷同现象，则一律视为成绩不及格；
8. 本说明文字不包括在实习报告中。

附表：

**(一)水准测量手簿**

日期__________ 天气________ 测量__________ 记录________

| 测站 | 测点 | 后视读数(m) | 前视读数(m) | 高差(m) | | 高程(m) | 备注 |
|---|---|---|---|---|---|---|---|
| | | | | + | − | | |
| | | | | | | | |
| | | | | | | | |
| | | | | | | | |
| | | | | | | | |
| | | | | | | | |
| | | | | | | | |
| | | | | | | | |
| | | | | | | | |
| | | | | | | | |
| | | | | | | | |
| | | | | | | | |
| | | | | | | | |
| | | | | | | | |
| | | | | | | | |
| | | | | | | | |
| | | | | | | | |
| | Σ | | | | | | |
| 计算校核 | | | | | | | |

## (二)三、四等水准测量记录表

时间：　　年　月　日　　天气：　　成像：

仪器及编号：　　观测者：　　记录者：　　第　页

<table>
<tr><td rowspan="4">测站编号</td><td rowspan="4">点号</td><td rowspan="2">后尺</td><td>下丝</td><td rowspan="2">前尺</td><td>下丝</td><td rowspan="4">方向及尺号</td><td colspan="2" rowspan="2">标尺读数(m)</td><td rowspan="4">黑＋K－红(mm)</td><td rowspan="4">高差中数(m)</td><td rowspan="4">备注</td></tr>
<tr><td>上丝</td><td>上丝</td></tr>
<tr><td colspan="2">后视距(m)</td><td colspan="2">前视距(m)</td><td rowspan="2">黑面</td><td rowspan="2">红面</td></tr>
<tr><td colspan="2">视距差 $d$(m)</td><td colspan="2">$\sum d$ (m)</td></tr>
<tr><td rowspan="4"></td><td rowspan="4"></td><td colspan="2"></td><td colspan="2"></td><td>后</td><td></td><td></td><td></td><td rowspan="4"></td><td rowspan="24">$K$ 为水准尺常数</td></tr>
<tr><td colspan="2"></td><td colspan="2"></td><td>前</td><td></td><td></td><td></td></tr>
<tr><td colspan="2"></td><td colspan="2"></td><td>后一前</td><td></td><td></td><td></td></tr>
<tr><td colspan="2"></td><td colspan="2"></td><td></td><td></td><td></td><td></td></tr>
<tr><td rowspan="4"></td><td rowspan="4"></td><td colspan="2"></td><td colspan="2"></td><td>后</td><td></td><td></td><td></td><td rowspan="4"></td></tr>
<tr><td colspan="2"></td><td colspan="2"></td><td>前</td><td></td><td></td><td></td></tr>
<tr><td colspan="2"></td><td colspan="2"></td><td>后一前</td><td></td><td></td><td></td></tr>
<tr><td colspan="2"></td><td colspan="2"></td><td></td><td></td><td></td><td></td></tr>
<tr><td rowspan="4"></td><td rowspan="4"></td><td colspan="2"></td><td colspan="2"></td><td>后</td><td></td><td></td><td></td><td rowspan="4"></td></tr>
<tr><td colspan="2"></td><td colspan="2"></td><td>前</td><td></td><td></td><td></td></tr>
<tr><td colspan="2"></td><td colspan="2"></td><td>后一前</td><td></td><td></td><td></td></tr>
<tr><td colspan="2"></td><td colspan="2"></td><td></td><td></td><td></td><td></td></tr>
<tr><td rowspan="4"></td><td rowspan="4"></td><td colspan="2"></td><td colspan="2"></td><td>后</td><td></td><td></td><td></td><td rowspan="4"></td></tr>
<tr><td colspan="2"></td><td colspan="2"></td><td>前</td><td></td><td></td><td></td></tr>
<tr><td colspan="2"></td><td colspan="2"></td><td>后一前</td><td></td><td></td><td></td></tr>
<tr><td colspan="2"></td><td colspan="2"></td><td></td><td></td><td></td><td></td></tr>
<tr><td rowspan="4"></td><td rowspan="4"></td><td colspan="2"></td><td colspan="2"></td><td>后</td><td></td><td></td><td></td><td rowspan="4"></td></tr>
<tr><td colspan="2"></td><td colspan="2"></td><td>前</td><td></td><td></td><td></td></tr>
<tr><td colspan="2"></td><td colspan="2"></td><td>后一前</td><td></td><td></td><td></td></tr>
<tr><td colspan="2"></td><td colspan="2"></td><td></td><td></td><td></td><td></td></tr>
<tr><td rowspan="4"></td><td rowspan="4"></td><td colspan="2"></td><td colspan="2"></td><td>后</td><td></td><td></td><td></td><td rowspan="4"></td></tr>
<tr><td colspan="2"></td><td colspan="2"></td><td>前</td><td></td><td></td><td></td></tr>
<tr><td colspan="2"></td><td colspan="2"></td><td>后一前</td><td></td><td></td><td></td></tr>
<tr><td colspan="2"></td><td colspan="2"></td><td></td><td></td><td></td><td></td></tr>
</table>

## (二)三、四等水准测量记录表

时间：　　　　年　月　日　　　　　　　　天气：　　　　　　成像：

仪器及编号：　　　　　　　观测者：　　　　　　记录者：　　　　　　第　页

| 测站编号 | 点号 | 后尺 | 前尺 | 方向及尺号 | 标尺读数(m) | | 黑+$K$−红(mm) | 高差中数(m) | 备注 |
|---|---|---|---|---|---|---|---|---|---|
| | | 下丝 | 下丝 | | | | | | |
| | | 上丝 | 上丝 | | | | | | |
| | | 后视距(m) | 前视距(m) | | 黑面 | 红面 | | | |
| | | 视距差 $d$(m) | $\sum d$(m) | | | | | | |
| | | | | 后 | | | | | $K$为水准尺常数 |
| | | | | 前 | | | | | |
| | | | | 后一前 | | | | | |
| | | | | | | | | | |
| | | | | 后 | | | | | |
| | | | | 前 | | | | | |
| | | | | 后一前 | | | | | |
| | | | | | | | | | |
| | | | | 后 | | | | | |
| | | | | 前 | | | | | |
| | | | | 后一前 | | | | | |
| | | | | | | | | | |
| | | | | 后 | | | | | |
| | | | | 前 | | | | | |
| | | | | 后一前 | | | | | |
| | | | | | | | | | |
| | | | | 后 | | | | | |
| | | | | 前 | | | | | |
| | | | | 后一前 | | | | | |
| | | | | | | | | | |
| | | | | 后 | | | | | |
| | | | | 前 | | | | | |
| | | | | 后一前 | | | | | |
| | | | | | | | | | |

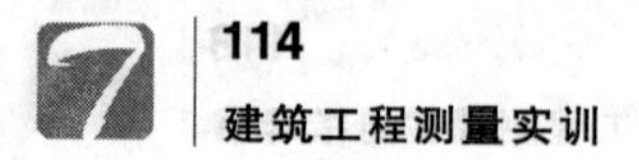


## (二)三、四等水准测量记录表

时间：　　　年　月　日　　　　　　　天气：　　　　　成像：

仪器及编号：　　　　　　观测者：　　　　　记录者：　　　　　第　页

| 测站编号 | 点号 | 后尺 下丝 | 前尺 下丝 | 方向及尺号 | 标尺读数(m) | | 黑＋$K$－红(mm) | 高差中数(m) | 备注 |
|---|---|---|---|---|---|---|---|---|---|
| | | 后尺 上丝 | 前尺 上丝 | | | | | | |
| | | 后视距(m) | 前视距(m) | | 黑面 | 红面 | | | |
| | | 视距差 $d$(m) | $\sum d$(m) | | | | | | |
| | | | | 后 | | | | | $K$为水准尺常数 |
| | | | | 前 | | | | | |
| | | | | 后－前 | | | | | |
| | | | | | | | | | |
| | | | | 后 | | | | | |
| | | | | 前 | | | | | |
| | | | | 后－前 | | | | | |
| | | | | | | | | | |
| | | | | 后 | | | | | |
| | | | | 前 | | | | | |
| | | | | 后－前 | | | | | |
| | | | | | | | | | |
| | | | | 后 | | | | | |
| | | | | 前 | | | | | |
| | | | | 后－前 | | | | | |
| | | | | | | | | | |
| | | | | 后 | | | | | |
| | | | | 前 | | | | | |
| | | | | 后－前 | | | | | |
| | | | | | | | | | |
| | | | | 后 | | | | | |
| | | | | 前 | | | | | |
| | | | | 后－前 | | | | | |
| | | | | | | | | | |

**(三)水准测量成果计算表**

| 测站 | 水准路线长 $L_i$(m) | 测站数 $n_i$(m) | 实测高差 (m) | 高差改正值 $C_i$(m) | 改正后高差 (m) | 改正后高程 (m) | 备注 |
|---|---|---|---|---|---|---|---|
| 1 | | | | | | | |
| 2 | | | | | | | |
| 3 | | | | | | | |
| 4 | | | | | | | |
| 5 | | | | | | | |
| 6 | | | | | | | |
| 7 | | | | | | | |
| 8 | | | | | | | |
| 9 | | | | | | | |
| 10 | | | | | | | |
| 11 | | | | | | | |
| 12 | | | | | | | |
| 13 | | | | | | | |
| 14 | | | | | | | |
| 15 | | | | | | | |
| 1 | | | | | | | |
| $\sum$ | | | | | | | |

**(四)钢尺量距记录计算表**

精度要求:$K \leqslant 1/3000$

日期＿＿＿＿ 天气＿＿＿＿ 测量＿＿＿＿ 记录＿＿＿＿

| 测线 | | 分段丈量长度(m) | | 总长度(m) | 平均长度(m) | 精度 | 备注 |
|---|---|---|---|---|---|---|---|
| | | 整尺段($nl$) | 零尺段($l$) | | | | |
| | 往 | | | | | | |
| | 返 | | | | | | |
| | 往 | | | | | | |
| | 返 | | | | | | |
| | 往 | | | | | | |
| | 返 | | | | | | |
| | 往 | | | | | | |
| | 返 | | | | | | |

续表

| 测线 | | 分段丈量长度(m) | | 总长度(m) | 平均长度(m) | 精度 | 备注 |
|---|---|---|---|---|---|---|---|
| | | 整尺段($nl$) | 零尺段($l$) | | | | |
| | 往 | | | | | | |
| | 返 | | | | | | |
| | 往 | | | | | | |
| | 返 | | | | | | |
| | 往 | | | | | | |
| | 返 | | | | | | |
| | 往 | | | | | | |
| | 返 | | | | | | |

## (五)水平角测量手簿

日期________ 天气________ 测量________ 记录______

| 测站 | 竖盘位置 | 测点 | 水平度盘读数(° ′ ″) | 半测回水平角值(° ′ ″) | 一测回水平角值(° ′ ″) | 备注 |
|---|---|---|---|---|---|---|
| | 左 | | | | | |
| | | | | | | |
| | 右 | | | | | |
| | | | | | | |
| | 左 | | | | | |
| | | | | | | |
| | 右 | | | | | |
| | | | | | | |
| | 左 | | | | | |
| | | | | | | |
| | 右 | | | | | |
| | | | | | | |
| | 左 | | | | | |
| | | | | | | |
| | 右 | | | | | |
| | | | | | | |
| | 左 | | | | | |
| | | | | | | |
| | 右 | | | | | |
| | | | | | | |

续表

| 测站 | 竖盘位置 | 测点 | 水平度盘读数(° ′ ″) | 半测回水平角值(° ′ ″) | 一测回水平角值(° ′ ″) | 备注 |
|---|---|---|---|---|---|---|
| | 左 | | | | | |
| | | | | | | |
| | 右 | | | | | |
| | | | | | | |
| | 左 | | | | | |
| | | | | | | |
| | 右 | | | | | |
| | | | | | | |
| | 左 | | | | | |
| | | | | | | |
| | 右 | | | | | |
| | | | | | | |
| | 左 | | | | | |
| | | | | | | |
| | 右 | | | | | |
| | | | | | | |

**(六)经纬仪导线坐标计算表**

| 点号 | 实测内角(° ′ ″) | 角度改正数(″) | 改正后内角(° ′ ″) | 坐标方位角(° ′ ″) | 边长 $D$(m) | 坐标增量计算值(m) | | 改正后增量值(m) | | 坐标值(m) | | 点号 |
|---|---|---|---|---|---|---|---|---|---|---|---|---|
| | | | | | | $\Delta xi(i+1)$ | $\Delta yi(i+1)$ | $\Delta xi(i+1)$ | $\Delta yi(i+1)$ | $x$ | $y$ | |
| | | | | | | | | | | | | |
| | | | | | | | | | | | | |
| | | | | | | | | | | | | |
| | | | | | | | | | | | | |
| | | | | | | | | | | | | |
| | | | | | | | | | | | | |
| | | | | | | | | | | | | |
| | | | | | | | | | | | | |
| | | | | | | | | | | | | |
| $\sum$ | | | | | | | | | | | | |
| 辅助计算 | | | | | | | 导线示意图： | | | | | |

**(七)地形测量手簿**

日期______ 天气______ 观测______________ 记录______ 计算______

| 测站 | 测点 | 尺间隔 $L$ (m) | 竖直角 $\alpha$ (° ′ ″) | 高差 $h$ (m) | 水平距离 $d$ (m) | 高程 (m) | 备注 |
|---|---|---|---|---|---|---|---|
| | | | | | | | |
| | | | | | | | |
| | | | | | | | |
| | | | | | | | |
| | | | | | | | |
| | | | | | | | |
| | | | | | | | |
| | | | | | | | |
| | | | | | | | |
| | | | | | | | |
| | | | | | | | |
| | | | | | | | |
| | | | | | | | |
| | | | | | | | |
| | | | | | | | |
| | | | | | | | |
| | | | | | | | |
| | | | | | | | |
| | | | | | | | |
| | | | | | | | |
| | | | | | | | |
| | | | | | | | |
| | | | | | | | |
| | | | | | | | |
| | | | | | | | |
| | | | | | | | |
| | | | | | | | |
| | | | | | | | |
| | | | | | | | |
| | | | | | | | |
| | | | | | | | |
| | | | | | | | |
| | | | | | | | |
| | | | | | | | |

## （七）地形测量手簿

日期______ 天气______ 观测______________ 记录______ 计算______

| 测站 | 测点 | 尺间隔 $L$ (m) | 竖直角 $\alpha$ (° ′ ″) | 高差 $h$ (m) | 水平距离 $d$ (m) | 高程 (m) | 备注 |
|---|---|---|---|---|---|---|---|
| | | | | | | | |
| | | | | | | | |
| | | | | | | | |
| | | | | | | | |
| | | | | | | | |
| | | | | | | | |
| | | | | | | | |
| | | | | | | | |
| | | | | | | | |
| | | | | | | | |
| | | | | | | | |
| | | | | | | | |
| | | | | | | | |
| | | | | | | | |
| | | | | | | | |
| | | | | | | | |
| | | | | | | | |
| | | | | | | | |
| | | | | | | | |
| | | | | | | | |
| | | | | | | | |
| | | | | | | | |
| | | | | | | | |
| | | | | | | | |
| | | | | | | | |
| | | | | | | | |
| | | | | | | | |
| | | | | | | | |
| | | | | | | | |
| | | | | | | | |
| | | | | | | | |
| | | | | | | | |
| | | | | | | | |
| | | | | | | | |

## (七)施工放样记录

日期______　　天气__________　　班级______　　小组______

仪器型号______　　观测______　　记录______

| 实训项目 | | 成绩 | |
|---|---|---|---|
| 实训目的 | | | |
| 主要仪器工具 | | | |

**测设计算**

测站点__________的坐标 $X$__________m,$Y$__________m;

后视点__________的坐标 $X$__________m,$Y$__________m。

待放样点______的坐标 $X$=______m,$Y$__________m,

经计算得:测设水平角 $\beta$=______,水平距离 $D$=______。

待放样点______的坐标 $X$=________m,$Y$__________m,

经计算得:测设水平角 $\beta$=______,水平距离 $D$=______。

待放样点______的坐标 $X$=________m,$Y$__________m,

经计算得:测设水平角 $\beta$=______,水平距离 $D$=______。

待放样点______的坐标 $X$=________m,$Y$__________m,

经计算得:测设水平角 $\beta$=______,水平距离 $D$=__________

**点的平面位置图**

**个人实习小结**(内容包括目的要求、测区概括、实训主要内容及过程、成果或结论、收获体会等)

# 参考文献

1. 南方测绘仪器全站仪 300 系列说明书
2. 李生平,陈伟清.建筑工程测量.武汉:武汉理工大学出版社,2007
3. 潘正风等.数字化测图原理与方法.武汉:武汉大学出版社,2009
4. 林长进.工程测量学.北京:北京出版社,2010
5. 许能生,吴清海.工程测量.北京:科学出版社,2004
6. 王红英.测量员.北京:机械工业出版社,2007

**图书在版编目(CIP)数据**

建筑工程测量实训/林长进主编. —厦门:厦门大学出版社,2011.12
ISBN 978-7-5615-4185-2

Ⅰ.①建… Ⅱ.①林… Ⅲ.①建筑测量-高等职业教育-教材 Ⅳ.①TU198

中国版本图书馆 CIP 数据核字(2011)第 279066 号

厦门大学出版社出版发行
(地址:厦门市软件园二期望海路 39 号 邮编:361008)
http://www.xmupress.com
xmup @ public.xm.fj.cn
三明市华光印务有限公司印刷
2012 年 2 月第 1 版 2012 年 2 月第 1 次印刷
开本:787×1092 1/16 印张:8.25
字数:200 千字 印数:1～2000 册
定价:16.00 元